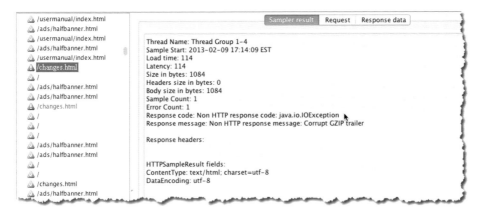

图 2-7　通过 View Results Tree 监听器看到的结果

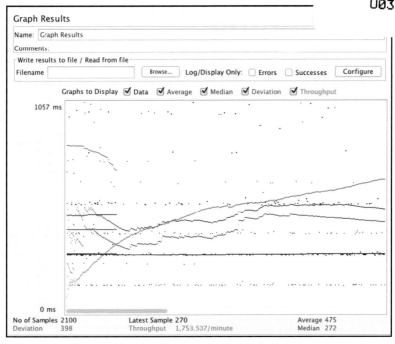

图 2-8　通过 Graph Results 监听器看到的结果

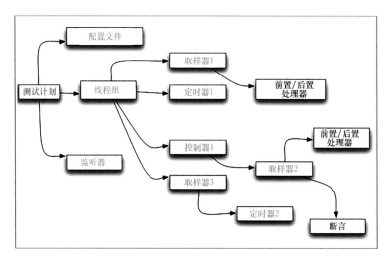

图 2-13　一个 JMeter 测试的分解及构成

图 5-4　Health 选项卡

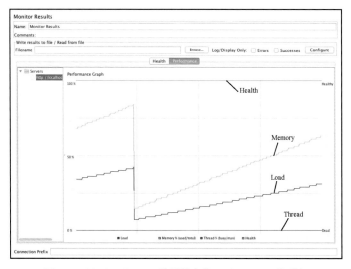

图 5-5　Monitor Results 监听器中的 Performance 选项卡

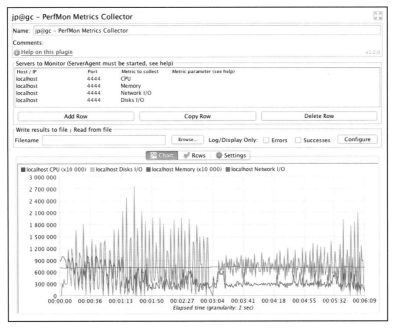

图 5-6　PerfMon Metrics Collector 监听器

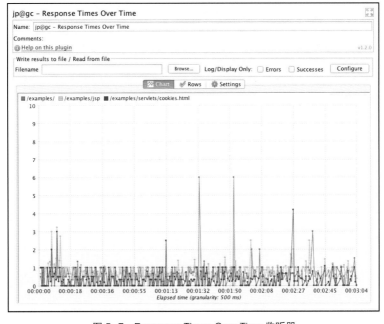

图 5-7　Response Times Over Time 监听器

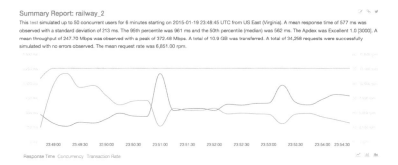

图 6-7　在 Flood.io 上执行测试的结果

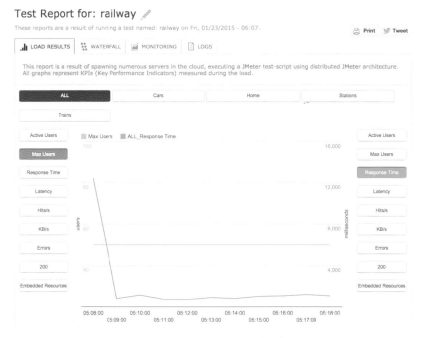

图 6-8　LOAD RESULTS 选项卡

JMeter性能测试实战

（第2版）

［美］巴约·艾林勒（Bayo Erinle） 著

黄鹏 译

人 民 邮 电 出 版 社

北 京

图书在版编目（CIP）数据

JMeter性能测试实战：第2版 / （美）巴约·艾林勒
（Bayo Erinle）著；黄鹏译. -- 北京：人民邮电出版
社，2020.4
ISBN 978-7-115-52523-9

Ⅰ．①J… Ⅱ．①巴… ②黄… Ⅲ．①软件开发—程序
测试 Ⅳ．①TP311.55

中国版本图书馆CIP数据核字(2019)第250669号

版权声明

◆ 著　　　[美] 巴约·艾林勒（Bayo Erinle）
　　译　　　黄　鹏
　　责任编辑　谢晓芳
　　责任印制　王　郁　焦志炜
◆ 人民邮电出版社出版发行　　北京市丰台区成寿寺路 11 号
　　邮编　100164　电子邮件　315@ptpress.com.cn
　　网址　http://www.ptpress.com.cn
　　大厂聚鑫印刷有限责任公司印刷
◆ 开本：800×1000　1/16
　　印张：9.75　　　　　　　彩插：2
　　字数：135 千字　　　　　2020 年 4 月第 1 版
　　印数：1 – 2 400 册　　　 2020 年 4 月河北第 1 次印刷
　　　　著作权合同登记号　图字：01-2016-3969 号

定价：49.00 元
读者服务热线：(010)81055410　印装质量热线：(010)81055316
反盗版热线：(010)81055315
广告经营许可证：京东工商广登字 20170147 号

内 容 提 要

　　本书通过具体的示例介绍如何使用 JMeter 测试 Web 应用程序。本书共 7 章。第 1 章介绍性能测试的基础，第 2 章讨论如何通过浏览器录制测试计划，第 3 章详细讲述表单提交，第 4 章介绍在测试计划中如何通过 JMeter 管理 Web 会话，第 5 章讨论如何利用 JMeter 监控服务器资源，第 6 章阐述如何通过 JMeter 进行分布式测试，第 7 章展示一些提高测试效率的技巧。

　　本书适合测试人员和开发人员阅读，也可供相关的专业人士参考。

作 者 简 介

Bayo Erinle 是一位作家，同时也是一位在软件开发、测试和架构设计领域有丰富经验的高级软件工程师。他曾经从事过贸易、经济和医疗卫生等行业的软件开发工作。因此，他参与过大量应用的规划、开发、实现、集成及测试，包括多层级应用、独立应用、分布式应用以及基于云的应用。他是一位对编程、性能、可扩展性以及其他 IT 技术充满热情的人。他常常沉迷于新技术，并且热衷于学习新东西。

目前他定居在美国马里兰州，在不研究新技术的时候，他乐于将时间留给自己的妻子 Nimota 以及 3 个孩子 Mayowa、Durotimi 和 Fisayo。

技术审校人简介

Vinay Madan 是一位质量分析顾问，拥有信息系统专业的硕士学位。他在软件测试、质量保证和测试管理（包括手动的和自动化的）方面拥有超过 8 年的工作经验。

他曾参与过智能卡发行、支付网关和数字化学习终端等方面的项目。他精通功能和性能自动化测试工具，如 Selenium、QTP、Cucumber、JMeter 以及 Load Runner，同时还是一位孜孜不倦的学者。

过去几年，他致力于研究各种测试方法论，包括针对 Windows、Web 和移动应用的敏捷、Scrum 以及定制化的瀑布式流程。

Satyajit Rai 是一位对设计和开发大规模分布式系统有着浓厚兴趣的工程师。他设计并开发过大型复杂的公司级系统以及因特网规模的系统。他能够在各种平台上用各种语言进行开发。他对开发方面的实践有浓厚的兴趣，非常注重系统的性能、可靠性、可维护性以及可操作性等方面。

目前他供职于印度的 Persistent Systems 公司，从多方面提高各种平台上系统的性能，包括架构、设计、部署、性能评估及调优。他在这些系统中应用自己所学提高了许多系统的性能。在 Persistent Systems 公司，他同时也致力于推动建立 AWS 云平台上基于 JMeter 的大规模性能测试服务。

Ripon Al Wasim 目前是 Cefalo 的一名高级软件工程师。他拥有超过 13 年的软件开发经验，精通软件开发和测试。同时他还担任 Java 和测试方面的培训师。

他是 Sun 公司认证的 Java 程序员（Sun Certified Java Programmer，SCJP），同时通过了 JLPT（Japanese Language Proficiency Test，日本语能力测试）3 级考试。

他是 Stack Overflow 社区的活跃者。他同时也是 *Selenium WebDriver Practical Guide* 的审校者，这也是 Ripon 在 Packt Publishing 的第一份正式工作。

前　　言

　　性能测试是一种评估在给定的工作负载下系统或应用的响应速度、可靠性、吞吐量、互操作性以及可扩展性的测试。这对任何软件产品的成功运行和维护来说都是不可缺少的关键部分。同时性能测试也是衡量应用是否可以支持更大用户群的重要手段。

　　JMeter 是一个免费、开源、跨平台的性能测试工具，于 20 世纪 90 年代后期面世。这是一个成熟、健全且具有高度可扩展性的工具。JMeter 有大量的用户，并提供了大量用于测试的插件。

　　这是一本基于如何根据测试需求使用 JMeter 的实践指南。本书首先简单介绍了性能测试，然后快速进入正题，包括录制测试脚本、监控系统资源，同时扩展介绍了 JMeter 的几个元件，以及使用云进行测试，通过插件扩展 JMeter 的功能等。在这个过程中，你将会编写部分代码，学习使用 Vagrant、Tomcat 这些工具，并学习在测试工作中需要用到的所有相关知识。

　　无论你是开发人员还是测试人员，本书都介绍了一些非常重要的知识，这些知识对你将来从事的测试工作会有很大帮助。

本书内容

　　第 1 章介绍性能测试的基础知识以及 JMeter 的安装和配置。

　　第 2 章介绍如何录制你的第一个 JMeter 测试脚本，并分析 JMeter 测试脚本的细节。

第 3 章介绍表单提交的细节。该章讨论各种 HTML 表单元素（复选框、单选按钮、文件上传和下载等），以及 JSON 数据与 XML 的处理。

第 4 章介绍会话管理，包括使用 Cookie 和 URL 重写两种方式。

第 5 章介绍如何监控测试执行过程中的系统资源活动，并讨论如何启动一个服务器以及通过插件扩展 JMeter。

第 6 章深入探究如何使用云进行性能测试。该章将会介绍 Vagrant 和 AWS 这类工具，并探索目前已有的云测试平台 BlazeMeter 和 Flood.io。

第 7 章介绍一些有用的小贴士，并给出在 JMeter 使用方面非常有效的方法和建议。

阅读本书需要做什么准备

为了能够成功运行本书中提供的示例代码，你需要准备：

- 一台计算机；
- JMeter（参见 Apache 网站）；
- Java 运行环境（Java Runtime Environment, JRE）或 Java 开发工具包（Java Development Kit, JDK），参见 Oracle 网站。

此外，针对第 5 章，你还需要准备 Tomcat（参见 Apache 网站）。

针对第 6 章，你还需要准备：

- Vagrant；
- 1 个 AWS 账号；
- 1 个 BlazeMeter 账号；
- 1 个 Flood.io 账号。

书中也会结合以上所需设置提供一些其他有用的网站。

本书读者对象

本书主要的目标读者是开发人员和测试人员。如果你是一位对性能测试感兴趣并想接触性能测试的开发人员，你会发现本书非常有用，通过练习本书中的实例，你将大幅度提升测试技能。

本书对测试人员也会非常有益，本书将指导他们解决在测试现代 Web 应用程序过程中遇到的实际问题，本书提供的丰富知识将使他们成为更优秀的测试人员。此外，在他们的实际测试工作中，本书中涉及的测试工具将随时派上大用场。

本书约定

本书采用以下版式约定。

代码块如下所示。

```
name=firstName0lastName0
name_g=2
name_g0="firstName":"Larry","jobs":[{"id":1,"description":"Doctor"}],"
lastName":"Ellison"
name_g1=Larry
name_g2=Ellison
server=jmeterbook.aws.af.cm
```

当我们希望突出代码块中的某些部分时，相关行或相关代码将会加粗，如下所示。

```
name=firstName0lastName0
name_g=2
name_g0="firstName":"Larry","jobs":[{"id":1,"description":"Doctor"}],"
```

```
lastName":"Ellison"
name_g1=Larry
name_g2=Ellison
server=jmeterbook.aws.af.cm
```

所有的命令行输入和输出都将如下所示。

```
vagrant ssh n1
cd /opt/apache-jmeter-2.12/bin
./jmeter --version
```

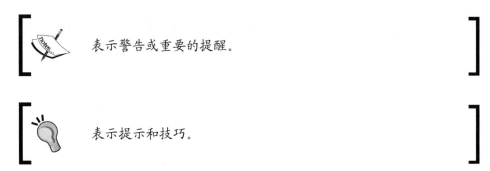

表示警告或重要的提醒。

表示提示和技巧。

读者反馈

非常欢迎读者的反馈。请让我们知道你对本书的看法——不论是否喜欢。读者反馈对我们非常重要，可以帮助我们开发更多符合市场需求的选题。

可以通过发送邮件至 feedback@packtpub.com 提供反馈，请在反馈信息中说明本书的书名。

如果你有兴趣写书，请查看 packtpub 网站上的作者指南。

勘误

尽管我们已经努力确保内容的准确性，但是错误是不可避免的。如果你发现了本书中的错误（也许是文字或代码的错误），并且能提交勘误，我们将非常感谢。这不仅可以使其他读者少走弯路，还可以帮助我们改进本书随后的版本。如果你发现任何错误，请访问 packtpub 网站，选择你的图书，单击 Errata Submission Form 链接，然后输入错误的具体内容，从而提交勘误。一旦你提交的勘误被确认，这条勘误信息将上传至我们的网站或添加至本书 Errata 部分已有的勘误表中。

通过访问 packtpub 网站，输入书名，可以查看之前提交的勘误。勘误信息将会出现在 **Errata** 部分。

版权

因特网上图书的版权问题从来就没间断过。Packt 非常重视版权和授权。如果你在因特网上发现任何盗版的 Packt 图书，请把网址或网站名称发送给我们，便于我们及时采取补救措施。

如果怀疑是盗版书，请通过 copyright@packtpub.com 联系我们。

非常感谢你为保护我们的版权所做的努力，我们也将尽力提供有价值的内容。

问题

关于本书的任何问题，都可以通过 questions@packtpub.com 联系我们，我们将尽全力解答你的问题。

服务与支持

本书由异步社区出品，社区（https://www.epubit.com/）为您提供后续服务。

提交勘误

作者和编辑尽最大努力来确保书中内容的准确性，但难免会存在疏漏。欢迎您将发现的问题反馈给我们，帮助我们提升图书的质量。

当您发现错误时，请登录异步社区，按书名搜索，进入本书页面，单击"提交勘误"，输入勘误信息，单击"提交"按钮即可（见下图）。本书的作者和编辑会对您提交的勘误进行审核，确认并接受后，您将获赠异步社区的 100 积分。积分可用于在异步社区兑换优惠券、样书或奖品。

扫码关注本书

扫描下方二维码，您将会在异步社区微信服务号中看到本书信息及相关的服务提示。

与我们联系

我们的联系邮箱是 contact@epubit.com.cn。

如果您对本书有任何疑问或建议，请您发邮件给我们，并请在邮件标题中注明本书书名，以便我们更高效地做出反馈。

如果您有兴趣出版图书、录制教学视频，或者参与图书翻译、技术审校等工作，可以发邮件给我们；有意出版图书的作者也可以到异步社区在线提交投稿（直接访问www.epubit.com/selfpublish/submission 即可）。

如果您所在学校、培训机构或企业想批量购买本书或异步社区出版的其他图书，也可以发邮件给我们。

如果您在网上发现有针对异步社区出品图书的各种形式的盗版行为，包括对图书全部或部分内容的非授权传播，请您将怀疑有侵权行为的链接发邮件给我们。您的这一举动是对作者权益的保护，也是我们持续为您提供有价值的内容的动力之源。

关于异步社区和异步图书

"异步社区"是人民邮电出版社旗下 IT 专业图书社区，致力于出版精品 IT 技术图书和相关学习产品，为作译者提供优质出版服务。异步社区创办于 2015 年 8 月，提供大量精品 IT 技术图书和电子书，以及高品质技术文章和视频课程。更多详情请访问异步社区官网 https://www.epubit.com。

"异步图书"是由异步社区编辑团队策划出版的精品 IT 专业图书的品牌，依托于人民邮电出版社近 30 年的计算机图书出版积累和专业编辑团队，相关图书在封面上印有异步图书的 LOGO。异步图书的出版领域包括软件开发、大数据、AI、测试、前端、网络技术等。

异步社区

微信服务号

目 录

第 1 章
性能测试基础

软件性能测试用于评估计算机、网络、软件系统或设备的速度或效率。这个过程涉及实验室中的定量测试，比如，测量某个系统功能的响应时间或者每秒百万条指令（Millions of Instructions Per Second，MIPS）的数值。

——维基百科

考虑一个案例分析。Baysoft Training 是一家正在不断崛起的初创企业，重新定义了如何通过软件为 IT 领域内各行业的人群提供更多培训。这家公司为了达到这个目标，推出了一系列的产品，包括在线的课程、线上培训，以及线下的培训。该公司的旗舰产品之一 TrainBot 是一个纯粹用于培训课程的网站应用，旨在帮助客户达成职业生涯的目标。只要注册一个账号，客户就能够在上面学习一系列在线课程。

1.1 事故

之前一段时间，TrainBot 仍在进行内部测试，并且暂时只开放给少量客户，所以流量一直在可承受范围内。所有功能都运转正常，系统响应也非常快。为了庆祝 TrainBot 的发布并推广自己的在线培训课程，Baysoft Training 公司将所有的培训课程以二五折销售。然而，这次促销给 TrainBot 造成了一次远远超出公司预期的流量涌入。Web 流量达到之前的 300%，运行状况越来越糟糕。网络资源也开始无法正常访问，服务器 CPU 和内存的占用率达到 90%～95%，数据库服务器由于高的 I/O 速率和大量争用问题勉强正常运行。结果，大部分 Web 请求的响应开始变慢，大部分第一次访问 TrainBot 的客户完全无法访问网站。之后没过多久，服务器因为不堪重负而彻底崩溃。

1.2　后果

　　这对 Baysoft Training 公司总部来说是一个漫长的夜晚。这一切是怎么发生的？是否可以避免？为什么应用和系统无法承受这样的负载？为什么不对系统与应用做足够的性能和压力测试？是应用的问题、系统资源的问题还是两者共有的问题？管理层将工程师团队聚集到会议室，希望得到这些问题的答案，工程师团队包括软件开发工程师、网络和系统工程师、负责质量保证（Quality Assurance，QA）的测试工程师以及数据库管理员。房间里充满了相互指责和抱怨。在一阵头脑风暴后，整个团队意识到应该确定之后需要怎么做。应用和系统资源应该经过全面而严格的测试。这包括应用的各个方面以及所有支撑的系统资源，包括但不限于基础设施、网络、数据库、服务器和负载均衡器。这个测试应该可以帮助研发团队发现性能的瓶颈并解决问题。

1.3　性能测试

　　性能测试是一种评估在指定工作负载下系统或应用的响应能力、可靠性、吞吐量、互操作性以及可扩展性的测试。性能测试也可以定义为一种评估计算机、网络、软件应用或设备的速度或效率的过程。可以对软件应用、系统资源、目标应用元件、数据库等进行性能测试。通常测试会包含一个自动化的测试套件，该测试套件能够很容易地反复模拟各种正常值、峰值以及异常负载的情况。这种形式的测试可以评估一个系统或应用是否能达到供应商所声明的规格要求。测试过程可以比较应用在速度、数据传输率、吞吐量、带宽、效率或可靠性等方面的变化。性能测试也作为评估瓶颈和单点故障的诊断工具。通常性能测试在一个可控的环境下进行，与压力测试同时进行。性能测试也是评估系统或应用在恶劣条件下仍能保持一定级别效率的能力的过程。

为什么如此麻烦？从 Baysoft 的例子中我们就可以看出，为什么这么多公司会花大力气来进行性能测试了。如果在发布之前做了充足有效的性能测试，TrainBot 可能就不会变成一团糟，进而演变成一场灾难了。

接下来，我们将继续探究有效的性能测试的其他优点。

从宏观上看，性能测试可节约成本，树立公司的品牌。性能测试的实施标志着软件应用的发布已经准备就绪，网络和系统资源充足，架构稳定，应用的可扩展性强等。在发布应用之前收集评估应用和系统资源的性能特性，可以帮助提前解决问题，并为项目干系人提供有价值的反馈，帮助他们做出关键的战略决策。

性能测试覆盖了几乎所有范围，例如：

- 评定应用和系统产品成熟度；
- 根据性能基准（例如，每秒事务处理量、每日页面浏览量、每日注册量等）对系统进行评估；
- 对比多个系统或不同系统配置下的性能特性；
- 识别影响性能的资源瓶颈；
- 辅助性能和系统调优；
- 帮助识别系统吞吐量级别。

几乎所有领域之间都互相关联，几乎每一方面都关系到项目干系人的整体目标。然而，在正式进入性能测试之前，让我们先了解一下性能测试实施过程的几个关键活动。

- **定义验收标准**：负载下应用的各个模块可接受的性能标准是什么？具体来说，需要定义好响应时间、吞吐量，以及资源利用率目标和约束条件。在特定页面渲染完成之前最终用户需要等待多长时间？响应时间通常是用户所关注的，吞吐量与业务相关，资源利用率与系统相关。因此，响应时间、吞吐量和资源利用率都是性能测试的关键指标。验收标准通常由项目干系人确定，测试过程中通常需要持续关注，标准也可能要根据实际情况进行调整。

- **定义测试环境**：熟悉物理测试环境和产品环境对一次成功的测试执行来说非常关键。需要明确的东西包括硬件、软件，以及测试环境下的网络设置，这将有助于制订有效的测试计划并从一开始就识别出测试风险。大多数情况下，在测试周期内需要反复查看这些配置并实时进行调整。

- **规划并设计测试用例**：（如果有条件的话）先了解应用的使用方式，再确定各种场景下真实的使用场景（包括变化）。例如，如果应用中有一个用户注册模块，通常一天会有多少个用户进行注册呢？所有的注册是否同时发生？还是分散的？通常一小时内有多少人用户登录？以上这些问题都将帮助你在做测试计划时考虑周全。尽管如此，肯定存在因为被测应用尚未投产使用所以暂时没有使用模式信息的情况。此时，应该向项目干系人了解具体的业务流程，尽可能使测试计划接近实际情况。

- **准备测试环境**：配置测试环境、工具和资源对运行计划完成的测试场景来说是前提。为测试环境配备监控资源的装置，对有效分析结果非常重要。根据实际情况，有些公司可能会建立一个独立的团队，专门负责配置测试工具，同时其他团队负责其他配置，例如，资源监控，有些公司会让一个团队负责所有这些配置。

- **准备测试计划**：使用测试工具录制计划好的测试场景。不少免费和商业测试工具都可以非常好地完成这个工作，每一个工具都有优点和缺点。

可用的工具包括 Load Runner（HP 公司的产品）、NeoLoad、LoadUI、Galting、WebLOAD、WAPT、Loadster、LoadImpact、Retional Performance Tester、Testing Anywhere、OpenSTA、LoadStorm、The Grinder、Apache Benchmark 和 HttpPerf 等。其中一些工具是商业工具，其他一些在成熟度、可移植性和可扩展性方面都不如 JMeter。以 HP 的 Load Runner 为例，尽管它能够提供更优秀的图表接口和监控功能，但如果不额外购买许可证，模拟线程的数量被限制在 250 以内，并且相对来说比较昂贵。Gatling 是这个领域的新生代，免费且看起来前途光明。Gatling 目前处于初期阶段，致力于弥补 JMeter 的一些短板，包括用更简单的测试领域特定语言（Domain-Specific Language，DSP）来替代 JMeter 冗长的 XML，以及使用更美观、更易于理解的 HTML 格式的报告等。然而，只有少量用户愿意使用 Gatling 来替代 JMeter，并且不是所有人都习惯用 Gatling 的特定语言 Scala 来建立测试计划。Gatling 可能会更受程序员的青睐。

本书中我们选择使用 JMeter 来进行演示，读者从本书书名应该能看出这一点。

- **运行测试**：脚本录制完成后，在轻量负载下运行测试计划，验证测试脚本和输出结果的正确性。如果测试脚本里输入的测试数据用于模拟真实数据（后面的章节会讲到），也需要验证测试数据。在测试计划执行过程中另外一个需要关注的点是服务器日志。通常可以通过监控服务器的资源监控代理获取这些日志。重点需要关注警告和错误。例如，出现频度高的错误可能代表测试脚本、被测应用或系统资源有问题，也可能三者都有问题。

- **分析结果、报告和重测试**：检查每一次成功执行的结果，识别需要解决的瓶颈。瓶颈可能与系统、数据库或应用有关。出现系统相关的瓶颈可能需要调整基础设施，例如，增加应用的可用内存，降低 CPU

使用率，增大或减小线程池，调整数据库连接池大小，调整网络设置等。出现数据库相关的瓶颈需要分析被测应用中的数据库 I/O 操作、高级查询，分析 SQL 查询，增加索引，执行数据采集，改变表中的页大小和锁等。最后，出现应用相关的瓶颈可能需要重构应用元件，降低应用内存使用率，减少数据库中的读取/写入等。识别到的瓶颈问题解决后，应该重新运行测试并和之前的运行比较。为了跟踪哪些调整解决了特定瓶颈问题，按顺序同一时间只做一个调整至关重要。换句话说，一旦进行了调整，就应该重新按照测试计划运行一次并与之前的测试结果进行比较，看这次调整对结果产生了正面还是负面的影响。这个过程将一直重复，直到达到项目要求的性能指标。

性能测试中的关键活动如图 1-1 所示。

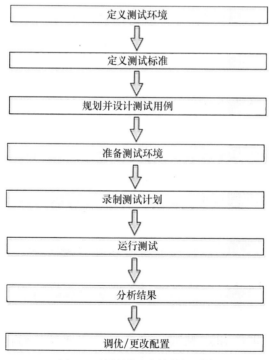

图 1-1　性能测试中的关键活动

性能测试通常需要各个角色合作完成，包括业务干系人、企业架构师、开发人员、测试人员、数据库管理员、系统管理员以及网络管理员。要在测试实施中获得准确、有效的测试结果，这些角色的相互合作是非常必要的。在不断的调优过程中监控网络占用率、数据库 I/O、等待时间、高级查询以及调用次数可以帮助找到瓶颈或找到值得进一步关注的区域。

1.4 性能测试和调优

性能测试和调优的关系非常紧密。通常，端到端的测试会揭示系统或应用的瓶颈，这些瓶颈导致无法达到项目要求的目标。一旦发现瓶颈问题，大多数团队随后会进行各种调优，以提升应用性能。

调优工作包括但不限于以下内容：

- 调整系统资源设置；

- 优化数据库查询；

- 减少应用的调用次数，有时需要重新设计有问题的模块并调整架构；

- 扩展应用和提高数据库服务器性能；

- 减少应用资源占用量；

- 优化和重构代码，包括消除冗余和缩短执行时间。

即使应用性能已达标，如果团队希望削减使用的系统资源数量，减少硬件数量或进一步提升系统性能，则也需要进行调优。

经过调整（或一系列调整），重新执行测试以查看性能是否因此而提高。即使性能结果已达到可接受的目标，这个过程仍会继续。测试-调优循环的结果通常会产生一个基线。

1.4.1 基线

基线是为评估系统或应用连续调整的效果而获取性能指标数据的过程。除为了对比性能而特意变化的特征和配置之外，保持相同的特征和配置对于有效对比某个调整（或一系列调整）在性能调优中的正面作用非常重要。对于系统设置或应用的调整之后，对应的测试结果可以与基线结果比较，以确定调整是否有意义。在收集基线数据时需要考虑如下几点。

- 基线数据应该是应用程序特定的。

- 可以为系统、应用或者模块建立基线。

- 基线数据是指标数据/结果。

- 基线数据不应该过于概括。

- 随时间变化可能需要重新定义基线数据。

- 基线数据可以当作共享的参考框架。

- 基线数据应该是可重用的。

- 基线数据可以帮助识别性能的变化。

1.4.2　负载和压力测试

负载测试是给系统加压并测量其响应的过程，主要用于确定系统能承受的最大负荷。压力测试是通过给系统施加比正常情况下高出很多的负载并判定其响应能力的过程。压力测试与性能测试有所区别，性能测试的唯一目的是确定系统的响应和有效性，即系统有多快。因为都关注负载对系统响应的影响，所以性能测试通常几乎都会和压力测试同时进行。

1.5　性能测试工具——JMeter

前面几节介绍了性能测试的基础。性能测试的其中一部分就是测试工具。你通过什么工具给系统或应用加压呢？从免费工具到商业解决方案，非常多的测试工具可以完成这个工作。然而，本书重点关注的是 JMeter，由 Apache

软件基金会发布的一款免费、开源、跨平台的桌面应用。JMeter 从 1998 年问世以来的历史变更可通过它的官方网站查看，经过变迁，它已经成为一款成熟、功能健全且可信赖的测试工具。成本原因也促进了 JMeter 的广泛使用。小公司通常不会为商业测试工具支付费用，而且这些商业测试工具还有各种限制，例如，对同时并发的用户数有限制。我第一次接触 JMeter 正是因为这个限制。当时我在一个小公司工作，公司购买了一个商业测试工具，但是在测试过程中，为了模拟真实的测试计划，我们需要并发的用户数超出了许可的限制。而 JMeter 是完全免费的，我们试用了 JMeter，它免费提供的大量功能真的让我们喜出望外。

以下是 JMeter 的部分功能。

- 支持各种不同服务器类型，包括 Web（HTTP 和 HTTPS）、SOAP、数据库、LDAP、JMS、邮件以及本地命令或 shell 脚本的性能测试。

- 可以在各种操作平台间移植。

- 具有真正的多线程框架，允许通过多个线程发出并发的请求和通过单独的线程组向不同功能发出并发的请求。

- 具有图形用户界面（Graphical User Interface, GUI）。

- 支持通过 HTTP 代理录制服务器。

- 支持缓存和离线分析/测试结果回放。

- 在测试过程中测试结果实时可见。

JMeter 可以模拟应用上多个并发的用户请求，这可以帮你达到本章前面提到的目标，例如，获取基线、识别瓶颈等。

JMeter 将帮助你回答类似以下问题。

- 如果 50 个用户并发访问应用，应用是否仍能响应？

- 在负载为 200 个用户的情况下应用是否可用？

- 在负载为 250 个用户的情况下系统消耗多少资源？

- 在系统中活跃用户达到 1000 个的情况下吞吐量如何？

- 应用中不同的元件在负载下的响应时间如何？

然而，不应该把 JMeter 和浏览器混淆（更多内容请参考第 2 章以及第 3 章）。JMeter 无法执行所有浏览器支持的操作，尤其是 JMeter 无法执行 HTML 页面中的 JavaScript 代码，也无法像浏览器那样提交 HTML 页面。然而，通过各种监听器，你可以查看 HTML 格式的请求和响应，但是时间控制不会包含在任何请求中。此外，同一台机器上的并发用户数有限制。这依赖于机器性能（如内存、处理器个数等）以及运行的测试场景。根据我们的经验，在一台拥有 2.2GHz 处理器和 8GB RAM 的机器上可以支持 250～250 个并发用户。

1.6　安装和运行 JMeter

现在，安装和运行 JMeter。

安装

通过 JMeter 的包文件安装它非常简单。最好在有防火墙的企业环境中或非管理员特权的机器上安装 JMeter。首先，可以通过 Apache 网站获取最新发布的二进制文件。编写此书时，最新发布的版本是 2.12。Apache 网站也提供了扩展名为.zip 和.tar 的安装包，可以选择扩展名是.zip 的文件，但如果你喜欢.tgz 文件，也可以免费下载。

下载完成后，将文件解压到指定的目录下。在本书中，这个文件解压的目标路径将指定为 JMETER_HOME。确保 JDK/JRE 正确安装并设置了 JAVA_HOME 环境变量。所有准备工作完成后，就可以开始运行 JMeter 了。

图 1-2 展示了 JMeter 安装目录的结构。

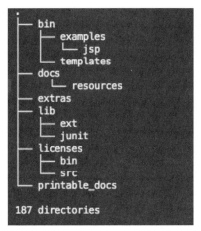

图 1-2　JMeter 安装目录的结构

以下是图 1-2 展示的 Apache-JMeter-2.12 的部分目录。

- bin：该目录包含启动和执行其他 JMeter 操作的可执行文件。

- docs：该目录包含用户指南。

- extras：该目录包含各种使用样例，例如，通过 JMeter 和 bean shell 脚本调用 Apache Ant 构建工具。

- lib：该目录包含 JMeter 所需的 JAR 包（也可以添加其他的 JAR 包，然后在 JMeter 里使用，这部分内容将在后面介绍）。

- printable_docs：这里面是一些可打印的文件。

1. 安装 Java JDK

根据以下步骤安装 Java JDK。

（1）访问 Oracle 网站。

（2）下载与你的系统适配的 Java JDK（非 JRE）。编写本书时，最新版本是 JDK1.8（update 20），这也是本书中所使用的版本。

（3）双击可执行文件，并根据屏幕上的提示逐步操作。

在 Windows 系统中，JDK 的默认安装目录是 Program Files。这本来是没问题的，唯一的问题是这个目录名称包含空格，在设置路径或通过命令行运行像 JMeter 这种依赖 JDK 的程序时可能会有问题。因此，建议修改 JDK 的默认安装路径，例如修改为 C:\tools\jdk。

2. 设置 JAVA_HOME

以下是在 Windows 和 UNIX 操作系统上设置 JAVA_HOME 环境变量的步骤。

1）在 Windows 系统下设置 JAVA_HOME

出于讲解需要，假设你已经在C:\tools\jdk中安装了JDK。

（1）进入控制面板。

（2）单击"**系统**"，打开"**系统属性**"对话框。

（3）在"**系统属性**"对话框中，单击"**高级**"选项卡，并单击"**环境变量**"按钮，打开"**环境变量**"对话框。

（4）把"**变量名**"设置为JAVA_HOME。"**变量值**"设置为"C:\tools\jdk"。

（5）选中 **Path**（在"系统变量"下面，位于界面中部）。

（6）单击"**编辑**"按钮。

（7）在已有的 Path 值（如果有的话）末尾添加%JAVA_HOME%/bin。

2）在 UNIX 系统下设置 JAVA_HOME

出于讲解需要，假设你已经在/opt/tools/jdk 中安装了 JDK。

（1）打开一个终端窗口。

（2）导入 JAVA_HOME=/opt/tools/jdk。

（3）导入 PATH=$PATH:$JAVA_HOME。

建议将这个设置添加到 shell 配置文件（对于 bash 用户是.bash_profile；对于 zsh 用户是.zshrc）中，这样就不用每次打开新的终端窗口时都需要重新设置一遍。

3. 运行 JMeter

JMeter 安装好后，JMETER_HOME 下的 bin 目录下包含了所有可执行脚本。根据 JMeter 所在的操作系统，要么在 UNIX/Linux 系列操作系统上执行 shell 脚本（.sh 文件），要么在 Windows 系列操作系统上执行批处理脚本（.bat 文件）。

 把 JMeter 文件另存为扩展名为.jmx 的 XML 文件。本书中把 JMeter 文件称为测试脚本或 JMX 文件。

这些脚本包括以下几个。

- jmeter.sh：这个脚本用于启动 JMeter GUI（默认）。

- jmeter-n.sh：这个脚本用于非 GUI 模式启动 JMeter（以 JMX 文件作为输入）。

- jmeter-n-r.sh：这个脚本用于远程以非 GUI 模式启动 JMeter。

- jmeter-t.sh：这个脚本用于在 GUI 中打开一个 JMX 文件。

- jmeter-server.sh：这个脚本用于在服务器模式下启动 JMeter（在以远程方式测试多台服务器时这将开启主节点）。

- mirror-server.sh：这个脚本用于启动 JMeter 的镜像服务器。

- shutdown.sh：这个脚本用于正常关闭一个正在运行的非 GUI 的实例。

- stoptest.sh：这个脚本用于立即关闭一个正在运行的非 GUI 的实例。

要在 UNIX/Linux 系统上启动 JMeter，首先打开一个 shell 终端，切换到

JMETER_HOME/bin 目录，然后运行如下命令。

```
./jmeter.sh
```

在 Windows 系统下运行如下命令。

```
jmeter.bat
```

稍后在配置代理服务器时，将能看到 JMeter 的 GUI。可以花点时间研究一下 GUI。把鼠标指针悬停在每一个图标上面，可以看到这个图标的功能。JMeter 团队已经把 GUI 设计得非常出色了。大多数图标与你之前使用过的相似，这将降低你的学习成本并缩短适应时间。部分图标（如停止和关闭）目前是禁用的，直到场景设置完结/测试正在进行时才启用。在下一章中，当录制我们的第一个测试脚本时，我们将会学习 GUI 的更多细节。

在终端窗口中，你可能会看到 Java 8 的一些警告，一些 Java 选项（PermSize 和 MaxPerSize）可能被忽略。不用惊慌。JDK 8 有着更出色的内存管理功能，一些之前用于启动 JMeter 的默认的 Java 选项不再是必要的了，所以可以忽略它。可以从 Dzone 网站和 InfoQ 网站了解更多信息。

> JVM_ARGS 环境变量可用于覆盖 jmeter.bat 或 jmeter.sh 脚本里的 JVM 设置。可以参考如下例子。
>
> ```
> export JVM_ARGS="-Xms1024m -Xmx1024m -Dpropname=propvalue"
> ```

1）命令行选项

当以错误的选项运行 JMeter 时会显示使用信息。可用选项如下。

```
./jmeter.sh -

-h, --help
print usage information and exit
-v, --version
print the version information and exit
```

```
-p, --propfile<argument>
thejmeter property file to use
-q, --addprop<argument>
additionalJMeter property file(s)
-t, --testfile<argument>
thejmeter test(.jmx) file to run
-l, --logfile <argument>
the file to log samples to
-j, --jmeterlogfile<argument>
jmeter run log file (jmeter.log)
-n, --nongui
run JMeter in nongui mode
```

以上只是其中一部分命令行选项（非完整列表），可以使用相关命令查看完整列表。本书后面会介绍其他的选项，但是也不会全部介绍。

2）JMeter 的环境变量

因为 JMeter 是 100%的纯 Java 应用，所以它能够实现大部分测试用例。然而，有时可能需要引入非默认的第三方库中的功能或自己开发的其他功能。因此，JMeter 提供了两个路径来放置第三方库，使通过环境变量可自动引入。

- JMETER_HOME/lib：这里主要是一些实用的 JAR 文件。

- JMETER_HOME/lib/ext：这里主要是 JMeter 的一些元件和插件。所有定制开发的 JMeter 元件都应该放在 lib/exe 目录中，同时第三方库（JAR 文件）应该放在 lib 目录中。

3）配置代理服务器

如果你工作的地方设置了企业级防火墙，你可能需要通过配置代理服务器地址和端口号来使用 JMeter。JMeter 提供了启动时的附加命令行参数来达到这个目的。部分参数如下。

- -H：用于指定代理服务器主机名或 IP 地址。

- -P：用于指定代理服务器端口。

- -u：用于指定安全模式下的代理服务器用户名。

- -a：用于指定安全模式下的代理服务器密码，示例如下所示。

```
./jmeter.sh -H proxy.server -P 7567 -u username -a password
```

在 Windows 平台下，运行 jmeter.bat 文件。

 不要把这里提到的代理服务器和 JMeter 内置的 HTTP 代码服务器混淆，内置的 HTTP 代理服务器用于录制 HTTP 或 HTTPS 的浏览器会话。在下一章中录制第一个测试场景时，会介绍相关内容。

JMeter GUI 如图 1-3 显示。

4）以非 GUI 模式运行

如上所述，JMeter 也可以以非 GUI 模式运行。在你希望远程运行或希望通过减少运行 GUI 的额外开支优化测试系统时，这是非常必要的。通常可以通过默认 GUI 模式准备测试脚本并在低负载条件下运行，但是高负载情况下应该以非 GUI 模式运行。

可以使用以下命令行选项。

- -n：表示以非 GUI 模式运行。

- -t：指定 JMX 测试文件的名称。

- -l：指定记录结果的 JTL 文件的名称。

- -j：指定 JMeter 执行的日志文件的名称。

- -r：表示运行由 JMeter 属性 remote_hosts 指定的测试服务器。

- -R：表示运行指定远程服务器中的测试（例如，-Rserver1,server2）。

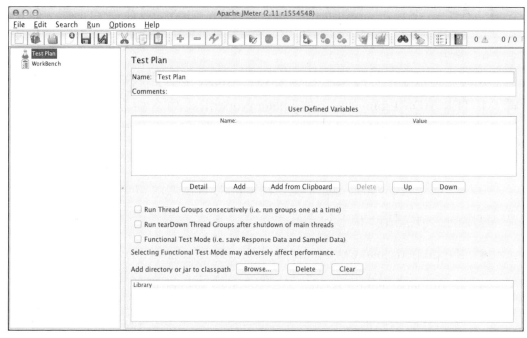

图 1-3　JMeter GUI

此外，也可以像之前看到的那样使用-H 和-P 选项指定代理服务主机与端口，如下所示。

```
./jmeter.sh -n -t test_plan_01.jmx -l log.jtl
```

5）以服务器模式运行

通常在进行分布式测试时会使用服务器模式，这需要使用更多的测试服务器以在系统上产生更大的负载。具体命令如下。在服务器模式下在每个远程服务器（从服务器）上都会启动 JMeter，在主服务器上也会启动一个 GUI，用于控制所有的从节点。第4章会详细介绍这部分内容。

```
./jmeter-server.sh
```

如果你希望单个测试结束之后退出服务器，则可以指定 JMeter 属性 server.exitaftertest=true。默认情况下这个属性设置为 false。

6）重写属性

JMeter 提供了两种方式来重写 Java、JMeter 和日志属性。一种是直接编辑 JMETER_HOME/bin 目录下的 jmeter.properties。第一眼看到这个文件，你会看到大量可重写的属性。正因为如此，JMeter 才如此强大和灵活。大多数情况下，不需要重写默认属性，因为通常默认值都是非常合理的。

另一种重写属性的方式是在启动 JMeter 时直接通过命令行指定。

可用的选项包括以下几个。

- -D<property name>=<value>：指定 Java 系统属性的值。

- -J<property name>=<value>：指定本地 JMeter 属性。

- -G<property name>=<value>：指定发送给所有远程服务器的 JMeter 属性。

- -G<property file>：指定发送给所有远程服务器的包含 JMeter 属性的文件。

- -L<category>=<priority>：重写日志设置，在指定优先级建立分类，示例如下。

```
./jmeter.sh -Duser.dir=/home/bobbyflare/jmeter_stuff \
  -Jremote_hosts=127.0.0.1 -Ljmeter.engine=DEBUG
```

 一旦通过命令行选项对日志系统进行了设置，就无法通过-J 标记更新 log_level 或 log_file 的属性了。

4．在测试执行过程中追踪错误

在测试过程中，JMeter 会默认将所有的错误记录在 jmeter.log 文件里。这个文件位于启动 JMeter 的文件夹下。就像大多数配置一样，这个日志文件的名字也可以通过 jmeter.properties 或通过命令行参数-j <name_of_log_file>配置。如图 1-4 所示，在运行 GUI 时，错误数会显示在右上方（用箭头标出），即，位于测试中运行的线程数的左边。单击错误数会直接在 GUI 的底部显示日志文件的内容。日志文件会清晰地显示测试运行时 JMeter 的详细情况，帮助你确定错误发生的原因。

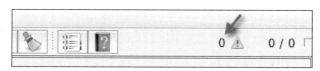

图 1-4　JMeter GUI 中显示的错误数

5．配置 JMeter

如果要定制 JMeter 的默认值，可以编辑 JMETER_HOME/bin 目录下的 jmeter.properties，或复制一份配置文件，并将其重命名（例如，my-jmeter.properties），然后在启动 JMeter 的时候作为命令行选项指定它。

可配置的部分选项包括以下几个。

- xml.parser：用于指定自定义的 XML 解析器实现方式。默认值是 org.apache.xerces. parsers.SAXParser。这个字段非必填。如果你发现默认提供的 SAX 解析器不满足你的使用需求，可以通过这个选项指定其他的解析器实现方式。例如，可以使用 javax.xml.parsers.SAXParser，将正确的 JAR 包添加至 JMeter 的环境变量中。

- remote_hosts：用于指定用逗号分隔的远程 JMeter 主机列表（根据需要也可以是 host:port）。当在分布式环境中运行 JMeter 时，将 JMeter 远程服务器运行的机器列出来。然后就可以通过该机器的 GUI 控制这些服务器。这个选项只适用于分布式测试并且非必填。第 6 章会深入介绍相关内容。

- not_in_menu：用于指定你不希望在 JMeter 菜单中看到的元件列表。虽然 JMeter 有如此多元件，但是你可能希望只显示你感兴趣或经常使用的元件。可以通过这个选项列出它们的类名或类标签（在 JMeter 的用户界面中显示的字符串），然后这些元件就不会显示在菜单里。默认值也是可以的，并且根据经验，没必要指定这个选项，列在这里只是希望你知道有这个选项。这个选项也不是必填的。

- user.properties：用于指定包含额外 JMeter 属性的文件的名称。这些属性可以在初始属性文件之后但是在使用-q 和-J 选项之前添加。这个选项非必填。用户属性可以用于提供额外的类路径设置，例如，通过 search_paths 属性指定插件路径，通过 user_classpath 属性指定 JAR 文件的路径。此外，这些属性文件可用于对 JMeter 元件的日志级别进行精细调整。

  - search_paths：指定 JMeter 搜索插件类的路径列表（用分号分隔），例如，额外的取样器。这是对 lib.ext 目录下的 JAR 文件的补充。该选项非必填。这个选项非常方便，例如，在你需要扩展 JMeter 插件而又不希望安装到 JMETER_HOME/lib/ext 目录下的时候，可以通过这个选项指定额外的插件路径。更多信息可参考第 4 章。

  - user.classpath：除了 lib 目录下的 JAR 文件之外，还可以通过这个选项指定其他路径，JMeter 将从这个路径下寻找工具类。这个选项也是非必填的。

- system.properties：指定包含 JMeter 使用的其他系统属性的文件名。可用在使用-S 和-D 选项前添加这些系统属性。这个选项非必填。该选项通常用于精细地调整各种 SSL 设置、密钥存储以及认证。

    ✧ ssl.provider：如果你想使用内置的 Java 实现 SSL 的方式，通过这个选项可以指定实现方式。这个选项非必填。如果出于某些原因，默认内置的 SSL 的 Java 实现虽然十分强大，但不适用于你的测试场景，通过这个选项可以指定另外一个实现。根据经验，默认实现始终足够满足要求。

命令行选项按以下顺序处理。

- -p profile：指定 JMeter 使用的自定义属性文件。如果属性文件存在，会加载并运行对应属性文件。这是可选的。

- jmeter.properties 文件：JMeter 默认的配置文件，文件内包含了各种比较合理的默认值。在用户指定的自定义的属性文件之后加载并运行该文件。

- -j logfile：可选项，指定 JMeter 的日志文件。在之前的 jmeter. properties 文件后加载并运行对应日志文件。

接下来，初始化日志。

接下来，加载 user.properties（如果有）。

接下来，加载 system.properties（如果有）。

最后，处理其他命令行选项。

1.7　本章小结

    本章介绍了性能测试的基础，同时也讨论了一般性能测试中涉及的关键概念和活动。此外，本章还讲述了如何安装 JMeter 并成功启动它，也探索了部分可用配置，并介绍了 JMeter 的一些选项，正是这些配置使 JMeter 成为一款强大的工具。JMeter 的强大之处在于免费、成熟、开源、易扩展、可定制、完全扩平台，并且有一个非常强大的插件生态系统，拥有一个庞大的用户社区，具有内置的 GUI，支持录制，支持不同测试场景的验证。和其他性能测试工具相比，JMeter 有其独到之处。

在下一章中，我们将录制第一个测试场景并继续深入理解 JMeter。

第2章
录制第一个测试

JMeter 内置了一个测试脚本录制器，用于录制测试计划，测试脚本录制器也称作代理服务器。一旦设置成功，测试脚本录制器将会观察你在网站上的各种操作，为它们创建测试请求样本，并最终存储在你的测试计划（即 JMX 文件）中。此外，有些重要测试场景的录制非常困难，所以 JMeter 提供了另外一种手动创建测试计划的方式。使用代理录制器录制测试脚本只需要花很少的时间，这将节约大量的时间。

为了录制第一个测试，我们将录制用户通常访问 JMeter 官方网站的过程。为了使代理服务器能够观察到你的动作，需要配置代理服务器。主要分为如下两步。

（1）配置 JMeter 的 HTTP(S)测试脚本录制器。

（2）配置浏览器使用的代理。

2.1　配置 JMeter 的 HTTP(S)测试脚本录制器

第一步是配置 JMeter 的代理服务器。整个过程分为以下步骤。

（1）启动 JMeter。

（2）右击 **Test Plan**，选择 **Add→Threads(User)→Thread Group**，添加一个线程组。

（3）右击 **WorkBench**，选择 **Add→Non-Test Elements→HTTP(S) Test Script Recorder**，添加 HTTP 测试脚本录制器。

（4）修改端口号为 7000（在 **Global Settings** 下面）。

（5）如果需要，也可以选择其他端口。重要的是，需要选择一个目前没被机器上的已有进程使用的端口。默认端口是 8080。

（6）在 **Test plan content** 部分，从 **Target Controller** 下拉框中选择选项 **Test Plan>Thread Group**。

（7）使录制的操作面向步骤（2）中创建的线程组。

（8）在 **Test plan content** 部分，从 **Grouping** 下拉框中选择 **Put each group in a new transaction controller**。

（9）将一组请求组成一次页面加载。本章后面将进一步探讨该主题。

（10）单击 **Add suggested Excludes**（在 **URL Patterns to Exclude** 下）。

（11）使代理服务器不录制与测试运行无关的请求的一系列元素。这包括 JavaScript 文件、样式表及图片。庆幸的是，JMeter 提供了一个非常方便的按钮，用于排除不需要的元素。

（12）单击 **HTTP(S) Test Script Recorder** 底部的 **Start** 按钮。

（13）单击 **OK** 按钮，接受 **Root CA certificate**。

经过这些设置之后，代理服务器将在端口 7000 启动，监控经过这个端口的所有请求，并使用默认录制控制器把这些请求录制到测试计划中。要了解更多细节，请参考图 2-1。

 在 JMeter 以前的版本（2.10 版之前）中，现在的 HTTP(S)测试脚本录制器叫作 HTTP 代理服务器。

我们已经手动配置好了 HTTP(S)测试脚本录制器，JMeter 的较新版本

（2.10 及之后的版本）为常见的任务提供了一个预先绑定的模板，这使配置容易多了。使用绑定的录制器模板，通过单击几个按钮可以就完成脚本录制器的配置。可以单击工具栏中的 New File 按钮右边的 **Templates** 按钮。然后从 **Select Template** 下拉列表中选择 **Recording**。修改端口为你想指定的端口（例如，7000），然后单击 **Create** 按钮。具体操作可参考图 2-2。

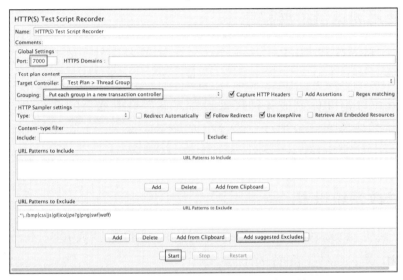

图 2-1　设置 JMeter HTTP(S)测试脚本录制器

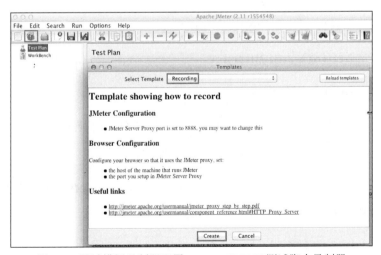

图 2-2　通过模板录制器配置 JMeter HTTP(S)测试脚本录制器

2.2　配置浏览器使用的代理

要配置浏览器代理服务器，有几种方式可供选择。本节将介绍最常见的两种方式——使用浏览器扩展程序和修改系统配置。

2.2.1　使用浏览器扩展程序

Google Chrome 和 FireFox 有一个活跃的浏览器插件生态系统，可以通过安装插件来扩展浏览器的功能。要设置代理，可以使用 FoxyProxy。这个整洁的浏览器插件可以帮助你完成各种代理设置，不会与机器上的系统设置混淆并可以自由切换各种设置。这简化了这个工作。幸运的是，FoxyProxy 有 Internet Explorer、Chrome 和 FireFox 的插件。如果你正在使用，建议继续用下去。

2.2.2　修改系统设置

对于一些更喜欢配置操作系统级别的代理的测试人员，本节提供了在 Windows 和 Mac 系统上配置的步骤。

在 Windows 系统上，按照如下步骤可完成代理设置。

（1）单击 **Start**，选择 **Control Panel**。

（2）单击 **Network and Internet**。

（3）单击 **Internet Options**。

（4）在 **Internet Options** 对话框，单击 **Connections** 标签。

（5）单击 **Local Area Network (LAN) Settings** 按钮。

（6）勾选 **Use a proxy server for your LAN(These settings will not apply to dial-up or VPN connections)**复选框，启用代理服务器，如图 2-3 所示。

（7）在 **Address** 文本框中，输入 localhost 作为 IP 地址。

（8）在 **Port** 文本框中，输入 7000（与之前你设置的 JMeter 代理的端口一致）。

（9）如果你希望跳过本地 IP 地址的代理服务器，勾选 **Bypass proxy server for local addresses** 复选框。

（10）单击 **OK** 按钮完成代理配置过程。

图 2-3　在 Windows 7 上手动配置代理

在 Mac 系统上，参考如下步骤配置代理，如图 2-4 所示。

（1）打开 **System Preferences** 对话框。

（2）单击 **Network** 选项。

（3）单击 **Advanced** 按钮。

（4）选择 **Proxies** 标签。

（5）勾选 **Web Proxy (HTTP)** 复选框。

（6）在 **Web Proxy Server** 文本框中输入 localhost。

（7）端口设置为 7000（与你之前设置的 JMeter 代理一致）。

（8）参考以上步骤配置 **Secure Web Proxy (HTTPS)**。.

（9）单击 **OK** 按钮。

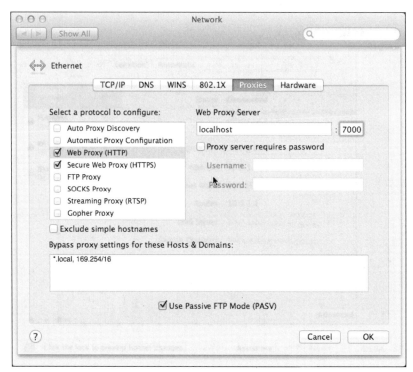

图 2-4　在 Mac OS 上手动配置代理

对于其他操作系统，请参考相关的操作系统文档。

现在一切准备就绪，连接也已经建立了，下面我们通过如下步骤开始录制。

（1）访问 Apache 网站。

（2）单击 **About** 下的 **Changes** 链接。[①]

（3）单击 **Documentation** 下的 **User Manual** 链接。

---

① 最新版本网站已经去掉这个链接，可用其他链接替代。——译者注。

（4）通过单击 **Stop** 按钮停止 HTTP(S)测试脚本录制器，这样它不再录制其他活动。

（5）如果你正确完成以上步骤，你的动作将被录制在测试计划中。详情请参见图 2-5。

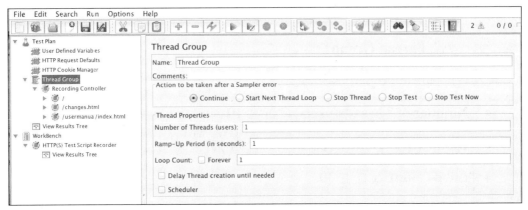

图 2-5   在测试计划中录制的动作

恭喜你！你已经成功录制了你的第一个测试。诚然，我们刚刚接触的只是测试计划录制的皮毛，但是我们已经有了一个好的开始了。在本书接下来的几章中，我们将录制一些更复杂的测试计划。

2.2.3   运行你录制的第一个脚本

现在我们可以直接回放或者运行我们刚刚录制的测试场景，但是在那之前，我们先要添加一个或两个监听器，用于向我们反馈运行结果。我们将会在第 5 章讨论资源监控时介绍监听器，但是现在我们只需要知道它们是可以展示测试运行结果的元件就行了。单个测试计划可使用的监听器的数量没有限制，但是我们通常会使用 1～2 个。

这里要为测试计划添加 3 个监听器来说明用途。按照如下步骤添加一个 Graph Results 监听器、一个 View Results Tree 监听器和一个 Aggregate Report 监听器。每一个监听器会收集不同的指标数据来帮助我们分析性能测试结果。

（1）右击 **Test Plan**，选择 **Add→Listener→View Results Tree**。

（2）右击 **Test Plan**，选择 **Add→Listener→Aggregate Report**。

（3）右击 **Test Plan**，选择 **Add→Listener→Graph Results**。

为了能观察到更多有意思的数据，我们按照以下步骤变更线程组的部分设置。

（1）单击 **Thread Group**。

（2）在 Thread Properties 中设置属性。

- **Number of Threads(users)** 设置为 10。

- **Ramp-Up Period(in seconds)** 设置为 15。

- **Loop Count** 设置为 30。

这样设置后，根据测试计划将运行 10 个用户，所有用户将在 15s 内启动，并且每一个用户将执行 30 次录制的测试场景。执行测试前，先单击工具栏中的"保存"按钮，保存测试计划。

保存测试计划后，单击"开始"图标（菜单栏上的三角形图标），然后观察测试的运行情况。测试开始运行后，可以单击 **Graph Results** 监听器（或另外两个监听器），观察实时收集的结果。这是 JMeter 的诸多功能之一。

通过 Aggregate Report 监听器，可以推断针对 changes 链接和 user manual 链接分别有 600 条请求。同时，我们可以看到多数用户（**90% Line**）都在 200ms 内接收到正确的响应。此外，我们可以看到各个链接每秒的吞吐量，并且在测试运行的过程中没有出错，如图 2-6 所示。

通过 View Results Tree 监听器，可以看到 changes 链接失败的请求以及失败的原因。这些信息对开发人员或系统工程师诊断错误的根本原因非常有价值，如图 2-7 所示。

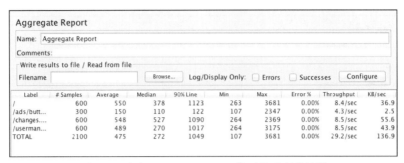

图 2-6 通过 Aggregate Report 监听器看到的结果

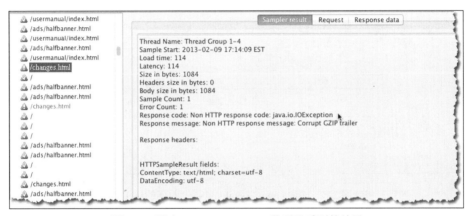

图 2-7 通过 View Results Tree 监听器看到的结果

图 2-7 展示了 View Results Tree 监听器中的内容。如果你在测试运行的时候单击 View Results Tree 监听器，你将在发出请求时看到实时图形。图形的含义一目了然，几条线分别代表平均值、中值、偏差以及吞吐量。**Average**、**Median** 和 **Deviation** 分别表示每分钟样本的均值、中值和偏差数量，而 **Throughput** 表示测试过程中网络上包的平均传输速率（以 bit/s 为单位）。请查阅相关网站（例如维基百科）来进一步详细了解以上概念的含义。图形是交互式的，可以选择显示/不显示所有相关/不相关数据。例如，我们可能最关注均值和吞吐量。取消勾选 **Data**、**Median** 和 **Deviation** 复选框之后，你就会看到只剩下 **Average** 和 **Throughput** 的曲线。详情见图 2-8。

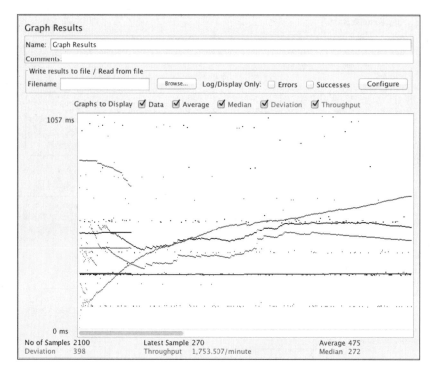

图 2-8　通过 Graph Results 监听器看到的结果

通过之前录制的小场景，你已经了解了组成一个 JMeter 测试计划的几个主要部分。接下来我们录制另外一个场景，这一次将使用另一个应用，这个应用允许我们输入表单的值。我们将在下一章深入了解这部分知识，但现在先睹为快。

1．案例分析

Excilys 依赖于它所创建的网站，是一家专注于提供 IT 技术和服务的公司。这是一个用于说明测试场景录制的轻量级银行 Web 应用。参考之前的步骤，新建一个测试计划，设置脚本录制器，然后开始录制，如图 2-8 所示。

执行以下操作。

（1）访问 excilysbank 网站。

（2）在登录表单中输入如下用户名 user1 和密码 password1。

（3）单击 **PERSONAL CHECKING** 链接。

（4）单击 **Transfers** 标签。

（5）单击 **My Accounts**。

（6）单击 **Joint Checking** 链接。

（7）单击 **Transfers** 标签。

（8）单击 **Cards** 标签。

（9）单击 **Operations** 标签。

（10）单击 **Log out** 按钮。

（11）单击 **Stop** 按钮终止代理服务器。

这样场景就录制完了。现在可以如之前一样添加监听器来收集运行结果并回放录制的场景。之后的结果可能会让你感到惊讶（如果我们没使用自带的录制器模板）。登录之后会有几条失败的请求，这是因为我们没有添加管理会话和 Cookie 的元件，必须有这个元件才能成功回放这个场景。幸运的是，JMeter 正好就有一个这样的元件，叫作 HTTP Cookie 管理器。在登录后，一旦客户端与服务器端建立起连接，这个看起来简单但实际功能强大的元件就可以通过 HTTP Cookie 帮助你保持对话一直有效。一旦成功认证 Cookie，就存储 Cookie 并传递给后续请求，以便后续请求能够顺利通过，这项工作由 HTTP Cookie 管理器保证完成。每一个 JMeter 线程（也称为用户）都有自己的 Cookie 收集区。这一点至关重要，因为你肯定不希望一个用户使用另一个用户的身份访问网站。在我们测试多个用户需要认证和授权的网站（如刚才我们所录制的那个一样）时这会非常常见。通过右击 Test Plan 并选择 **Add→Config Element→HTTP Cookie Manager** 为测试计划添加这个元件。

在添加完这个元件后，就可以成功地运行测试计划了。现在，可以通过增加线程组级别的线程数来模拟更大的负载。执行结束后，我们会发现测试计划执行成功了，但是这个结果并不真实。我们本质上只模拟了一个用户重复 5

次。所有的线程使用的都是 user1 的凭证，这意味着所有线程都作为 user1 登录系统。这不是我们希望的。为了使结果更真实，我们需要做的是把每一个线程作为应用的不同用户进行验证。在现实中，银行会为你创建唯一的用户，只有你才有权查看你的账户详情。与你同一条街道的邻居，即使使用了同样的银行，也无法访问你的账户（至少我们希望不能）。考虑到这一点，我们稍微调整测试以适应这种场景。

2. 脚本参数化

可以为测试计划添加一个 CSV Data Set Config 元件（选择 **Test Plan →Add→Config Element→CSV Data Set Config**）。因为运行时需要消耗大量 CPU 和内存资源，所以在运行时生成特有的随机数代价昂贵，建议在前期生成数据。CSV 数据集配置元件从文件中读取数据并将它们分别作为测试计划的输入。JMeter 允许你将这个元件设置在测试计划上。通常你会在 HTTP 请求级别添加这个元件，用于需要输入的请求。在这里的例子中，在登录的 HTTP 请求中，要输入用户名和密码。还可以在线程组级别添加这个元件，作为线程组的直接子节点。如果一个特定的数据集只应用于一个线程组，建议在这个级别添加。除了前面两种情况之外，还可以在测试计划的根级添加这个元件。如果一个数据集应用于所有执行的线程，那么就可以在根级添加这个元件。在我们看来，这使测试计划的可读性更高，可维护性更高，因为根级上的元件比其他级别上的元件更容易看到，所以检查或者排错更简单。针对这里的测试场景，在测试计划的根级添加这个元件。

添加进测试计划后，也可以通过拖曳的方式移动元件。

添加完之后（见图 2-9），如果输入文件包含数据头，你仅需要输入 **Filename**（文件名）。例如，如果输入文件是这样定义的，只需要输入 Filename 项。

```
user, password, account_id
user1, password1, 1
```

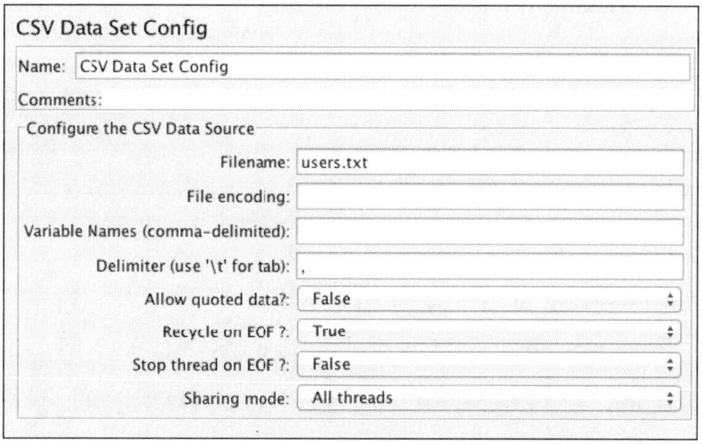

图 2-9　添加的 CSV Data Set Config 元件

　　如果不填写 **Variable Names** 字段，则 JMeter 会使用输入文件的第一行作为变量名。如果文件中不含数据头，则可以在这里输入变量名。另外一个比较有趣的设置是 **Sharing mode**。默认的共享模式是 **All threads**，表示所有运行的线程都可以使用同一个数据集。所以如果你有两个运行的线程，线程 1 将使用第 1 行数据作为输入，而线程 2 则使用第 2 行数据作为输入。默认情况下，**Recycle on EOF** 设置为 **True**，表示如果线程数超出输入数据行数，则从文件的第 1 行开始重用。**Sharing mode** 的另外两个选项分别是 **Current thread group** 和 **Current thread**。前者用于某一线程组特有的数据集，而后者用于每一个线程特有的数据集。元件的其他属性都一目了然，更多信息可以在 JMeter 的在线用户指南上找到。

　　现在已经添加了元件，我们可以通过文件（或 csvconfig 元件）中定义的变量名来参数化 HTTP 登录请求，这样在测试执行过程中，相关的值就可以动态绑定了。我们分别将 HTTP 登录请求的用户名修改为${user}，密码修改为${password}，如图 2-10 所示。

$\{\}$中的值与输入文件中定义的数据头或CSV数据集配置元件的 Variable Names 项中的输入一致。

Name:	Value	Encode?	Include Equals?
username	${user}	☐	☑
password	${password}	☐	☑

图 2-10   HTTP 请求中参数值的绑定

现在可以运行测试计划了，运行结果应该和之前一样，只是这一次的值是根据之前的配置动态绑定的。目前为止，我们都针对单个用户运行。我们可以提升线程组数量，针对 10 个用户运行，30s 内启动完毕，只循环一次。现在重新运行测试。观察测试结果，我们会发现部分请求失败了，返回状态码 403，这表示拒绝访问。这是因为我们试图访问一个非当前登录用户的账号。在该示例中，所有的用户请求都发往账户 4，但是账户 4 只允许一个用户（user1）查看。可以通过添加一个 View Results Tree 监听器跟踪测试计划和返回的结果。

如果你仔细观察 View Results Tree 监听器中的 Request 选项卡中的某些 HTTP 请求，你会注意到如下请求。

```
/private/bank/account/ACC1/operations.html
/private/bank/account/ACC1/year/2013/month/1/page/0/operations.json
...
```

细心的读者应该已经注意到，输入数据文件也包含了 account_id 列。也可以对这一列进行调整，参数化所有包含账号的请求，获取所有已登录用户正确的账号。为此，可参考如下这行代码。

```
/private/bank/account/ACC1/operations.html
```

修改后的代码如下所示。

```
/private/bank/account/ACC${account_id}/operations.html
```

再看如下代码。

```
/private/bank/account/ACC1/year/2013/month/1/page/0/operations.json
```

修改后的代码如下所示。

```
/private/bank/account/ACC${account_id}/year/2013/month/1/page/0/
operations.json
```

对其他代码也做类似修改。对于所有类似请求，也可参考以上操作。修改完成后，重新运行测试计划，这次，所有逻辑都正确，正常运行。测试执行结束后，可以通过观察 View Results Tree 监听器来确认一切是否符合预期，单击一些账户请求的 URL，把请求展示方式由文本变为 HTML，你将可以看到除 ACCT1 之外的其他账号。

3．提取测试执行期间的信息

我们来看看另一种场景。有时候，与其把响应作为输入数据的一列发送，不如解析响应来获得所需信息。解析的响应可能是任意的文本格式。其中包括 JSON、HTML、TXT、XML 和 CSS 等。这将使测试计划更健壮。我们在之前的测试计划中已经用到这个功能，解析响应以获得需要的用户账号，而没有作为输出参数发送响应。解析响应获得账号后，可以保存账号并用于后续的其他请求。我们继续参考之前的操作录制一个新的测试计划。为了从响应数据中提取变量，我们需要用到 JMeter 的后置处理器元件之一，即正则表达式提取器（Regular Expression Extractor）。这个元件作用于每个样本请求，通过正则表达式提取请求的值。然后生成一个模板字符串，把结果存储至一个变量名中。这个变量名再用于参数化，例如，我们之前在 CSV Data Set Config 元件中看到的。

我们添加了一个 Regular Expression Extractor 元件作为/login 请求下/private/bank/accounts.html HTTP 请求的子元素。不像我们之前看到的 CSV Data Set Config 元件，这个元件直接作为请求的子元素，因此它是一个后置处理器元件。它的配置如图 2-11 所示。

图 2-11　通过 View Results Tree 监听器来验证响应数据

在配置 Regular Expression Extractor 元件时，每一项的设置如下。

- **Apply to**：选择 **Main sample only** 单选按钮。

- **Response Field to check**：选择 **Body** 单选按钮。

- **Reference Name**：设置为 account_id。

- **Regular Expression**：设置为<td class="number">ACC(\d+)</td>。

- **Template**：设置为1。

- **Match No.(0 for Random)**：设置为 1。

- **Default Value**：设置为 NOT_FOUND。

图 2-12 展示了设置以上所有项之后元件的外观。

配置完成后，像我们之前做的那样用${account_id}变量参数化其他账户请求。现在，可以重新运行测试计划，我们将得到和之前填入一个带 account_id 列的数据集的类似表现和输出。你现在已经看到了创建测试计划时两种获取同样信息的方式。尽管你的使用场景可能和这里看到的完全不同，但是原理相同。

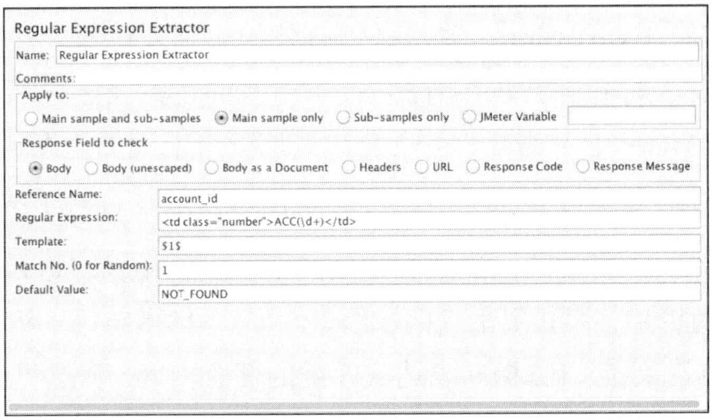

图 2-12　配置 Regular Expression Extractor 元件

以下是 Regular Expression Extractor 元件的各种配置变量的简要介绍。

- **Apply to**：单击默认的 **Main sample only** 单选按钮通常是可以的，但当样本包含请求内嵌资源的子样本时，不能这样设置。这些选项允许你要么关注主样本，要么关注子样本，要么两者都关注。最后一个单选按钮是 **JMeter Variable**，可用于断言这个变量的内容。

- **Response Field to check**：指定正则表达式应用的位置。可用单选按钮如下所示。

  - **Body**：不含响应头的响应体。

  - **Body(unescaped)**：用所有 HTML 转义代码替换的响应体。

  - **Headers**：无法用于非 HTTP 请求样本。

  - **URL**：请求的 URL 将用正则表达式解析。

  - **Response Code**：比如，200、403、500 分别表示成功、拒绝访

问和内部服务器错误。访问维基百科网站获取各种 HTTP 状态码的完整列表。

- **Response Message**：如 OK、Access Denied、Internal server error。

● **Reference Name**：表示保存解析结果的那个变量。这将用于参数化。

● **Regular Expression**：输入任何有效的正则表达式。注意，JMeter 的正则表达式不同于 Perl。在 Perl 中所有的正则表达式都需要以//结尾，而在 JMeter 中不需要。正则表达式是一个很大的主题，你可以从本书中学习到更多相关知识，但是建议你访问维基百科了解更多。

● **Template**：用于从匹配内容中创建字符串的模板。这是一个含特殊元素的随机字符串，用于指向一组，例如，1指向第 1 组，2指定第 2 组，依次类推。0指向表达式匹配的任意内容。在这里的例子中，0将指向 ACC<td class="number">ACC4</td>，例如，1将指向 ACC4。

● **Match No.(0 for Random)**：该参数表示当正则表达式可能匹配到多个时使用哪一个。

- 0：表示 JMeter 随机使用匹配的值。

- N：表示使用第 N 个匹配的值。

- refName：表示模板的值。

- refName_gn：表示匹配的组，例如，n 可以取 1、2、3 等。

- refName_g：正则表达式中组的序号（不含 0）。

> 注意，当没有匹配的内容时，变量 refName_g0、refName_g1 和 refName_g 都被移除，把 refName（如果存在）的值设置成默认值。

- 负数：可结合 ForEach 控制器使用。

- refName_matchNr：匹配的数字，可以是 0。

- refName_n：n 是模板生成的字符串，比如，1、2、3 等。

- refName_n_gm：m 是用于匹配的组的编号，例如，0、1、2 等。

- refName：设置为默认值（如果有）。

- refName_gn：没有设置。

- **Default Value**：如果正则表达式没有匹配上，则变量会设置为默认值。这是个可选的参数，但是建议设置，因为它可以在创建测试计划时帮助你调试和诊断问题。

2.3　分解一个 JMeter 测试

通过前面的例子，我们已经了解了 JMeter 大致的结构。我们已经清楚了一个 JMeter 测试计划主要的构成。本章剩余部分将介绍一个 JMeter 测试的分解及构成，如图 2-13 所示。

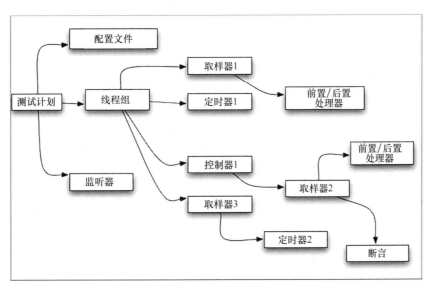

图 2-13　一个 JMeter 测试的分解及构成

2.3.1　测试计划

测试计划是 JMeter 脚本的根元素，其中可以包含其他元件，例如，线程、配置元素、定时器、前置处理器、后置处理器、断言以及监听器。同时，测试计划也提供了一小部分自己的配置。

首先，可以定义用于脚本中的用户变量（键-值对）。然后，可以配置测试计划所含的线程组应该如何运行，即，指定线程组是否同时运行。随着时间的推移，一个测试计划通常会有多个线程组。通过这个选项决定线程组如何运行。默认所有线程组同时运行。刚开始的时候一个比较有用的选项是 Functional Test Mode。检查结束时，每个样本返回的服务器响应都会被记录下来。对于小的模拟运行，确保 JMeter 设置正确且服务器端返回了预期的结果是非常有用的，但是不好的地方是 JMeter 的性能会恶化且文件非常大。这个选项默认是关闭（off）的，在模拟真正的测试场景时通常是不会选中的。另一个比较有用的选择是添加第三方库的能力，这可用于为测试用例提供额外的功能。当你的模拟测试场景需要 JMeter 默认自带库以外的其他库时就用到这个选项了。通常，你都会通过这个选项来添加 JAR 文件。

2.3.2　线程组

线程组是所有测试计划的入口点。它们代表了 JMeter 用于运行测试计划的线程/用户的数量。一个测试的所有控制器和采样器都必须放在线程组下面。在你想把其他元素（如监听器）应用于所有线程组时，可以直接把这些元素放在测试计划下，如果它们只应用于一个线程组，就放在指定的线程组下。线程组设置提供的选项包括指定用于测试计划的线程个数、所有线程启动要花的时间以及测试将会运行的次数。每一个线程都将完全独立于其他线程运行测试计划。JMeter 将多个线程拆分开来模拟对服务器的并发连接。注意，启动所有线程的时间应该设置足够长以避免在测试开始时负载过大，过大的负载可能导致网络饱和，测试结果失败。如果你希望模拟系统中的 X 个活跃用户，最好慢慢提升并增加迭代次数。最后一个设置选项是调度器。通过调度器可以设置测试执行的开始时间和结束时间。比如，可以在非高峰时段启动测试，可以精确到小时。

2.3.3　控制器

控制器负责驱动测试的运行，包括取样控制器和逻辑控制器。

一方面，取样控制器向服务器端发送请求。其中包括 HTTP、FTP、JDBC、LDAP 等请求。尽管 JMeter 有一系列取样器，但因为我们主要关注 Web 应用的测试，所以本书主要关注的是 HTTP 请求取样器。

另一方面，逻辑控制器可以定制用于发送请求的逻辑。例如，循环控制器可以用于重复执行指定次数的操作，选择控制器可以用于选择性执行请求，同时条件控制器会持续执行请求，直到某些条件不满足等。在本书写作的同时，JMeter 2.12 集合了 16 种不同的控制器，分别用于不同的用途。

2.3.4　取样器

取样器用于向服务器发送请求并等待响应。所有树上的请求会依次处理。JMeter 包含以下类型的取样器：

- HTTP 请求；
- JDBC 请求；
- LDAP 请求；
- SOAP/XML-RPC 请求；
- WebService（SOAP）请求；
- FTP 请求。

这些取样器的属性可以根据需求进一步调整。多数情况下，可以使用默认的配置。为取样器增加断言，可以对服务器响应进行基本验证。通常在测试过程中，服务器端都会返回状态码 200，代表请求是成功的，但是可能无法正确显示页面。在这种情况下，断言可以帮助你确保请求是成功的。

2.3.5　逻辑控制器

逻辑控制器帮助我们定制用于决定请求如何发往服务器的逻辑。其中可能涉及修改请求，重复发送请求，交错发送请求，控制请求执行的时间，切换请求，测量请求执行所花的总时间等。在本书创作的时候，JMeter 已经配备了 16 种逻辑控制器。请参考 Apache 网站上的 JMeter 在线用户指南来了解每一种逻辑控制器的详细说明。

2.3.6　测试块

测试块是专门用于测试计划中代码重用的一种特殊的控制器。它们在测试计划树上与线程组处于同一级，除非被包含或被模块控制器引用，否则它们不会执行。

2.3.7　监听器

监听器主要用于收集用于进一步分析的测试执行结果。此外，监听器也可将数据直接写入文件，供下一步使用。此外，监听器还可以定义保存哪些字段以及使用 CSV 格式还是 XML 格式。所有监听器都会保存相同的数据，唯一不同的是展现在屏幕上的方式。监听器可以在测试的任何地方添加，包括直接加在测试计划下面。监听器只会收集同级或下级元素的数据。

针对各种不同的用途，JMeter 包含了 18 种不同的监听器。虽然你可能经常只会用到其中的一部分，但是建议你熟悉它们，知道在什么时候使用。

部分监听器(如 Assertion Results、Comparision Assertion Visualizer、Distribution Graph、Graph Results、Spline Visualizer 和 View Results Tree 监听器)都非常占内存和 CPU,在实际测试运行过程中都建议不要使用。它们通常用于调试或功能测试。

2.3.8 定时器

默认 JMeter 线程组在发送每个请求的过程中不会暂停。建议为线程组添加一个定时器,用于指定一个短暂的延时。这将使测试计划更接近实际使用场景,真正的用户不可能同时发送多个请求。定时器用于使 JMeter 在发送每个请求前暂停固定的时间。

2.3.9 断言

断言用于判断从服务器端接收到的响应。从本质上说,通过断言可以判断应用的功能是否正确以及服务器端是否返回预期结果。断言可在 XML、JSON、HTTP 以及从服务器端返回的其他形式的响应上运行。因为断言也会占用大量资源,所以在实际测试运行期间不要使用断言。

2.3.10 配置元件

配置元件通常和取样器一起使用,可以修改或添加请求。只有在放置元件的分支里面,才能访问树中的配置元件。配置元素包括 HTTP Cookie 管理器、HTTP 头管理器等。

2.3.11 前置处理器和后置处理器

顾名思义,前置处理器在发出请求之前会执行一系列操作。前置处理器通常用于在请求执行前修改请求设置或更新那些不是从响应文本中提取出来的变量。

后置处理器会在发出请求后执行一系列操作。后置处理器通常用于操作响应文本并从中提取相关数值。

2.4 本章小结

本章不仅介绍了如何配置 JMeter 以及如何通过浏览器来录制测试计划，还讲述了一些内置元件，这些元件可以帮助我们为测试计划添加数据或从服务器响应中提取数据。此外，本章还讨论了如何构成一个 JMeter 测试计划。

下一章将进一步讨论表单提交并探索更多的 JMeter 元件。

第 3 章

表 单 提 交

本章将在第 2 章的基础上深入讨论表单提交的细节。在之前录制测试计划的过程中遇到的大部分表单可能非常简单，而有一些表单可能非常复杂，需要仔细研究。例如，越来越多的网站采用了 RESTful Web 服务，因此在录制或执行这部分应用的测试时你主要和 JSON 对象打交道。而另外一些应用则大量采用 AJAX 来实现业务功能。Google 就是其中著名的代表。它的大部分产品（包括 Search、Gmail、Maps、YouTube 等）大量采用 AJAX。有时，你可能需要处理 XML 格式的响应数据，例如，从中提取部分数据用于测试计划中后续的步骤。当需要上传一个文件到服务器或从服务器上下载一个文件时你还可能需要跨用例。

对于以上这些类似或其他更多的场景，本章将展示部分实例，便于我们今后在遇到类似场景时知道如何准备测试计划。

3.1 捕获简单表单

第 2 章在介绍如何提交一个登录表单用于服务器的验证时，展示了各种表单提交的情况。该表单包含两个文本框，分别用于输入用户名和密码。这是一个不错的开始。大部分网站要求的认证与此类似。然而，HTML 表单可能包括其他各种类型的输入。其中包括复选框、单选按钮、单选和多选下拉列表、文本域、文件上传等。本节介绍如何处理其他的 HTML 输入类型。

3.1.1　处理复选框

处理复选框与处理文本框类似。根据使用场景，表单中可能存在一个或多个关联或非关联的复选框。下面通过运行一个测试场景来进行说明。运行 JMeter 代理服务器，然后录制对应的操作。按以下步骤操作。

（1）访问 jmeterbook 网站。

（2）在文本框中输入姓名。

（3）选择一个或两个爱好。

（4）单击 **submit** 按钮。

此时，观察录制的测试计划，/form1/submit 提交请求包含以下参数。

● **Name**：代表输入文本框中的值。

● **Hobbies**：根据爱好的数量可以选择一个或多个。

● **submit**：**submit** 按钮的值。

通过在测试计划上添加一个 CSV 数据组配置元件，可以查看一下输入不同的姓名和爱好的结果（参考 GitHub 网站中的 handling-checkboxes.jmx）。最后，进一步完善测试计划，用一个后置处理器元素（例如，正则表达式提取器）来解析从/form1/create 样本返回的响应，获取表单中可选的爱好，然后随机选择 1 个或多个爱好并提交。我们将会把它当作一个练习。处理多选下拉列表与这个练习类似。

3.1.2　处理单选按钮

单选按钮通常作为 Web 页面上的选项字段，通常一系列选项同时出现，用户可以针对每一组选择一个选项。单选按钮常用于表示婚姻状况、最喜欢的食物、民意调查等。处理单选按钮和处理复选框非常类似，只是在每一组单选按钮中只能选择一个选项。jmeterbook 网站上配套的示例中只有一个单选按钮组，允许用户选择他们的婚姻状况。因此在录制结束后，每个用户在提交时只能输入一次。

执行以下操作。

（1）访问 jmeterbook 网站。

（2）在文本框中输入姓名。

（3）选择你的婚姻状况。

（4）单击 **submit** 按钮。

查看页面的 HTML 源码（在页面的任意地方右击，选择"查看页面源码"）通常会得到服务器端预期返回的页面上每一个选项的 ID。通过该信息可以扩展输入测试数据来针对更多不同的用户运行相同的场景。通常，通过一个后置处理器，就不必发送指定的单选按钮 ID 作为输入。处理下拉列表与此基本没有区别，前面已探讨了如何处理其他的 HTML 输入类型，例如文本、文本框等。

3.1.3　处理文件上传

某些情况下，被测系统可能有一个上传文件至服务器的功能。JMeter 也可以帮你实现该功能。通过提交请求中内置的 multipart/form-data 选项来正确处理文件上传。此外，通过选中这个选项来构造一个多部件的提交请求，如果你上传的文件没有位于 JMeter 的 bin 目录中，你可能需要指定文件的绝对路径；如果文件在 JMeter 的 bin 目录中，需要指定相对路径。我们通过录制一个场景进行讲解。

（1）访问 jmeterbook 网站。

（2）在文本框中输入姓名。

（3）单击 **Choose File** 按钮选择一个要上传的文件。

（4）单击 **submit** 按钮。

 针对这里测试的应用，上传的文件不能超过 1MB。

根据选择的文件路径，可能会出现如下错误。

```
java.io.FileNotFoundException: Argentina.png (No such file or directory)
  at java.io.FileInputStream.open(Native Method)
  at java.io.FileInputStream.<init>(FileInputStream.java:120)
  at org.apache.http.entity.mime.content.FileBody.writeTo(FileBody.
  java:92)
  at org.apache.jmeter.protocol.http.sampler.
HTTPHC4Impl$ViewableFileBody.writeTo(HTTPHC4Impl.java:773)
```

不用惊慌！这是因为 JMeter 首先会在 bin 目录下查找对应的文件。要么在录制的脚本中调整文件路径，以指向文件的绝对路径，要么把文件放在 bin 目录下或 bin 目录的子目录下。在本书的例子中，我们选择把文件放在 bin 目录的子目录（$JMETER_HOME/bin/samples/images）下。仔细观察文件 handling-file-uploads.jmx。

3.1.4　处理文件下载

在某些情况下，可能要测试一个提供了文件下载功能的系统。例如，用户可能从网站上下载报表、用户手册、说明文档等。了解文件下载会对服务器增加多大压力，是干系人比较关心的部分。JMeter 提供了录制和测试这类场景的功能。举个例子，要录制一个用户从 JMeter 网站下载 PDF 使用指南的场景。

按以下步骤操作。

（1）访问 jmeterbook 网站。

（2）单击 **Handing File Downloads** 链接。

（3）单击 **Access Log Tutorial** 链接。

这将促使浏览器下载一个 PDF 文件。可以添加一个 View Results Tree 监听器，在回放录制的脚本后观察响应输出。也可以添加一个 Save Responses to a file 监听，JMeter 会将响应的内容保存到一个文件中，供后面查看。这也是本书中选择的方法。文件将会创建在 JMeter 安装路径下的 bin 目录中。请参考 handling-file-downloads-1.jmx（参见 GitHub 网站）。此外，在你想捕获响应时 Save Responses to a file 监听器非常有用，在这种情况下，一个文件可以用于测试场景中后续的其他步骤。例如，可以保存响应并用于上传文件至相同服务器的其他模块或完全上传至其他服务器。

3.1.5 提交 JSON 数据

表征性状态转移（REpresentational State Transfer，REST）是一种简单的无状态架构，经常用于 HTTP/HTTPS 传输。请求和响应都根据资源表征状态的转移来创建。它强调客户端和服务器端间通过一系列操作（GET、POST、PUT 和 DELETE）来交互。GET 方法获取资源的当前状态，POST 方法创建一个新的资源，PUT 方法用于更新一个已存在的资源，DELETE 方法用于销毁资源。通过赋予每个资源一个唯一的统一资源标识符（Universal Resource Identifier，URI）来实现可伸缩性。因为每一个操作都有一个特定的意义，所以 REST 避免了多义性。在现代，客户端与服务器端之间传输的典型数据结构是 JSON。关于 REST 的详细信息可以参考维基百科。

在处理在一个表单或其他表单中提供 RESTful 服务的网站时，你或多或少都会接触 JSON 数据。这些网站可能通过发送 JSON 数据来创建、更新和删除服务器上的数据。URL 可能也会返回 JSON 格式的已有数据。在现代使用 AJAX 扩展的网站中这更常见，因为我们使用 JSON 和 AJAX 进行交互。在这些场景下，你可能需要使用 JMeter 来捕获数据和向服务器发送数据。JSON（也称为 JavaScript 对象表示法）是用于人类可读的数据传输的标准格式的开放文本。可以在维基百科和 JSON 网站找到更多信息。本书中，我们只需要了解 JSON 格式的对象的结构即可。可参考以下例子。

```
{"empNo": 109987, "name": "John Marko", "salary": 65000}
```

也可参考如下例子。

```
[
    {
        "id": 1,
        "dob": "09-01-1965",
        "firstName": "Barry",
        "lastName": "White",
        "jobs": [
            {
                "id": 1,
                "description": "Doctor"
            },
            {
                "id": 2,
                "description": "Fireman"
            }
        ]
    }
]
```

在处理 JSON 数据时有如下几条基本的规则。

● []——表示一个对象列表。

● {}——表示一个对象定义。

● "key": "value"——表示一个对象在指定键下的字符串值。

● "key": value——定义一个对象在指定键下的整数值。

上面的例子展示的是一个雇员对象，雇员号码是 109987，姓名是 John Marko，月收入是 65000 美元。下面的例子展示的是一个人，姓名是 Barry White，出生于 1965/9/1，职业是医生和消防员。

现在我们已经大致了解了样例 JSON 结构，让我们继续学习 JMeter 如何帮助发送 JSON 数据。该示例网站为保存 Person 对象提供了一个 URL。一个人的属性包括名、姓以及出生年月日。此外，一个人可能有多份工作。一个存储 Person 对象的有效 JSON 结构可能如下所示。

```
{
    "firstName": "Malcom",
    "lastName": "Middle",
    "dob": "2/2/1965",
    "jobs": [
        {   "id": 1,
            "id": 2
        }
    ]
}


{
    "firstName": "Sarah",
    "lastName": "Martz",
    "dob": "3/7/1971"
}
```

因为这里有意没有提供保存 Person 对象中项的表单，所以我们可以手动搭建这个测试场景，并手动为这类测试场景编写测试计划。

参考如下步骤来提交 JSON 数据。

（1）启动 JMeter。

（2）为测试计划添加一个线程组（右击 **Test Plan**，选择 **Add→Threads (Users) →Thread Group**）。

（3）为线程组添加一个 HTTP 请求取样器（右击 **Thread Group**，选择 **Add→Sampler→HTTP Request**）。

（4）在 **HTTP Request** 下，修改实现为 **HttpClient4**。

（5）补充 HTTP 请求取样器的属性。

● **Sever Name or IP** 设置为 jmeterbook***。

● **Method** 设置为 **POST**。

● **Path** 设置为/person/save。

（6）单击 **Body Data** 标签，填充如下 JSON 数据。

```
{
    "firstName": "Bob",
    "lastName": "Jones",
    "jobs": [
        {
            "id": "3"
        }
    ]
}
```

（7）右击 **HTTP Request Sampler**，选择 **Add→Config Element→HTTP Header Manager**，为 HTTP 请求取样器添加一个 HTTP 头管理器。

（8）右击 **Thread Group**，选择 **Add→Listener→View Results Tree**，为线程组添加一个 View Results Tree 监听器。

（9）保存测试计划。

如果正确按照以上步骤操作，HTTP 请求取样器将如图 3-1 所示。

现在可以运行测试了，如果一切设置正确，Bob Jones 将会成功保存至服务器上。这可以通过查看 View Results Tree 监听器来验证。请求应该是绿色的，并且在 **Response data** 选项卡上你应该看到 Bob Jones。更好的是，View Results Tree 可以直接在 jmeterbook 网站上看到最近存储的 10 条数据。

当然，之前学到的其他技巧都可以用在这里。可以使用一个 CSV 数据配置元素来将测试参数化，我们将输入各种不同的数据，可参考 posting-json.jmx。关于输入数据的变化，因为 jobs 对这个输入集是可选的，所以可以从输入中读取数据，参数化整个 JSON 字符串。

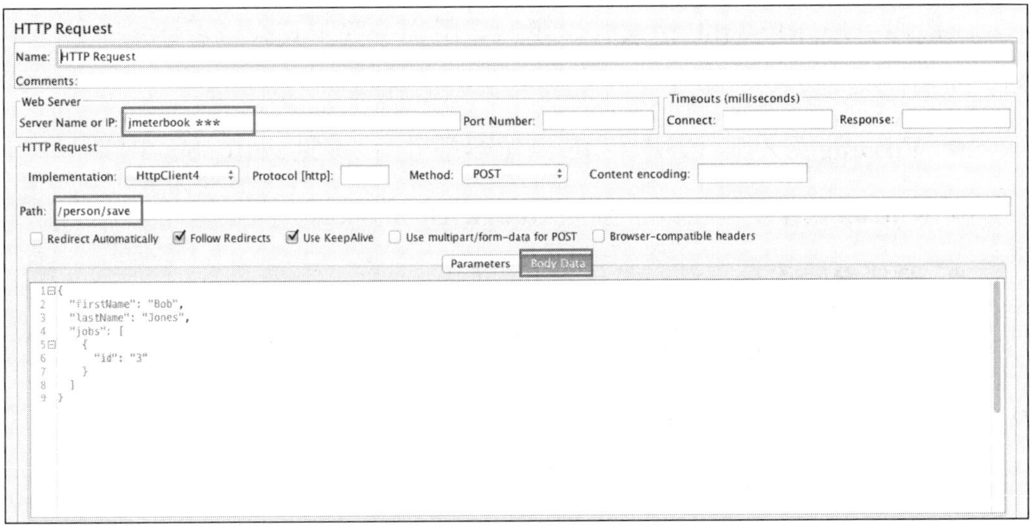

图 3-1　配置 HTTP 请求取样器以提交 JSON

例如，可以用${json}替换对应值并使输入的 CSV 数据包含如下内容。

```
json
{
    "firstName": "Malcom",
    "lastName": "Middle",
    "dob": "1/2/1971",
    "jobs": [
        {   "id": 1,
            "id": 2
        }
    ]
}
{
    "firstName": "Sarah",
    "lastName": "Martz",
    "dob": "6/9/1982"
}
```

让每个录制各自独立非常重要。我们将把这个作为一个练习。尽管看起来比较简单，但是在录制测试计划时，我们目前所讲述的内容可以为提交 JSON 数据提供所有信息。

一般在处理 RESTful 请求时，我们会用到一些工具来查看请求、检查响应、查看网络延迟等。以下是可能会有帮助的轻量级工具列表。

- **Firebug**（火狐、谷歌和 IE 浏览器插件）：参见 getfirebug 网站。

- **Chrome** 开发者工具：参见 Google Developers 网站。

- 高级 **REST** 客户端：参见 Bitly 网站。

- **REST** 客户端（火狐浏览器插件）：参见 Firefox 网站。

3.1.6　读取 JSON 数据

既然我们已经掌握了如何提交 JSON 数据，我们就回顾一下如何在 JMeter 中使用这些数据。根据实际使用场景，你可能会发现更多时候你需要读取 JSON 数据，而不是提交这些数据。JMeter 提供了各种方法来提取这些信息，根据需要存储它们并在测试计划的后续步骤中使用。下面从一个简单的使用场景开始。该示例网站上有一个链接，用于收集服务器上近 10 个人的记录的使用情况。可以访问 jmeterbook 网站查看这些内容。

如果要处理 JSON 响应并将姓名用于后续步骤，我们将会使用一个后置处理器——正则表达式提取器来提取信息。我们创建一个测试计划来完成这个任务。

参考以下步骤。

（1）启动 JMeter。

（2）右击 **Test Plan**，选择 **Add→Threads (Users)→Thread Group**），为测试计划添加线程组。

（3）右击 **Thread Group**，选择 **Add→Sampler→HTTP Request**，为线程组添加 HTTP 请求取样器。

（4）在 **HTTP Request** 下，修改实现为 HttpClient4。

（5）补充 HTTP 请求取样器的属性。

- **Server Name or IP** 设置为 jmeterbook***。

- **Method** 设置为 GET。

- **Path** 设置为/person/list。

（6）添加一个正则表达式提取器作为 HTTP 请求取样器的子节点（右击 **HTTP Request Sampler**，选择 **Add→Post Processors→Regular Expression Extractor**）。

- **Reference Name** 设置为 name。

- **Regular Expression** 设置为 "firstName":"(\w+?)",.+?,"lastName ":" (\w+?)"。

- **Template** 设置为$1$$2$。

- **Match No** 设置为1。

- **Default Value** 设置为 name。

（7）为线程组添加调试取样器（右击 **Thread Group**，选择 **Add→Sampler→Debug Sampler**）。

（8）为线程组添加一个 View Results Tree 监听器（右击 **Thread Group**，选择 **Add→Listener→View Results Tree**）。

（9）保存测试计划。

比较有趣的部分是在这里使用的正则表达式。它表示要匹配和收集的文字，变量名定义为 name。\w+? 代表不要贪婪匹配，在第一次匹配成功后就停止。介绍正则表达式的完整功能超出了本书的范围，但是建议你最好掌握相关内容，以便在编写测试场景时使用。目前为止，只需要知道正则表达式代表的意思即可。一旦执行测试计划，你将在 View Results Tree 监听器的调试取样器中看到匹配的情况。以下是可能会看到的片段。

```
name=firstName0lastName0
```

```
name_g=2
name_g0="firstName":"Larry","jobs":[{"id":1,"description":"Doctor"}],"
lastName":"Ellison"
name_g1=Larry
name_g2=Ellison
server=jmeterbook***
```

现在，我们看一个更复杂的例子。

使用 BSF 后置处理器

在处理更多复杂的 JSON 结构时，你可能会发现正则表达式后置处理器无法满足你的需求。你可能很难找到正确的正则表达式来提取你需要的所有信息。比较常见的例子是层级比较深并且内部包含对象列表的情况。此时，BSF 后置处理器可以满足你的要求。Bean 脚本框架（Bean Scripting Framework，BSF）是一个 Java 类的集合，支持在 Java 应用程序内调用脚本语言。这在连接 Java 类库的同时，大大增强了测试计划内部脚本语言的功能。JMeter 内部支持的部分脚本语言包括 Groovy、JavaScript、BeanShell、Jython、Perl 以及 Java。我们直接来看查询谷歌搜索服务的一个例子。

按照如下步骤进行操作。

（1）启动 JMeter。

（2）右击 **Test Plan**，选择 **Add→Threads (Users)→Thread Group**，为测试计划添加线程组。

（3）右击 **Thread Group**，选择 **Add→Sampler→HTTP Request**，为线程组添加 HTTP 请求取样器。

（4）在 **HTTP Request** 下，修改实现为 HttpClient4。

（5）补充 HTTP 请求取样器的属性。

● **Server Name or IP** 设置为 googleapis***。

● **Method** 设置为 GET。

● **Path** 设置为/ajax/services/search/web?v=1.0&q=jmeter。

（6）右击 **HTTP Request Sampler**，选择 **Add→Post Processors→BSF PostProcessor**，添加一个 BSF 后置处理器作为 HTTP 请求取样器的子节点。

● 在 Language 下拉列表中选中 JavaScript。

● 在脚本文本区域，输入如下代码。

```
// Turn the JSON into an object called 'response'
eval('var response = ' + prev.getResponseDataAsString());

vars.put("url_cnt", response.responseData.results.length);

//for each result, stop the URL as a JMeter variable
for (var i = 0; i <= response.responseData.results.length;
i++)
{
    var x = response.responseData.results[i];
    vars.put("url_" + i, x.url);
}
```

（7）右击 **Thread Group**，选择 **Add→Sampler→Debug Sampler**，为线程组添加一个调试取样器。

（8）右击 **Thread Group**，选择 **Add→Listener→View Results Tree**，为线程组添加一个 View Results Tree 监听器。

（9）保存测试计划。

保存完成后，就可以运行测试计划并查看请求返回的完整 JSON 了，同时提取出的值也已经另存为 JMeter 的变量。

BSF 后置处理器默认提供了一些可用于脚本中的变量。在之前的例子中，我们已经使用了其中的两个（prev 和 var）。变量 prev 用于访问上一个样本的结果，var 用于变量的读写。可用变量列表可参见 Apache 网站。

参考如下代码。

```
eval('var response = ' + prev.getResponseDataAsString());
```

如上代码主要用于获取上一个取样器的响应数据（以字符串形式），并用
JavaScript 的 eval()函数将它转换为 JSON 结构。查看 JavaDocs，了解 prev 变
量的其他可用方法。一旦 JSON 结构被提取出来，就可以像在普通 JavaScript
中一样调用方法。

```
vars.put("url_cnt", response.responseData.results.length);
```

如上代码会返回结果数量并通过变量 url_cnt 存储结果。最后一部分代码
将循环从结果中提取真实的 URL，并用 JMeter 变量 url_0 到 url_3 来存储它们。

通过其他支持的脚本语言可以实现同样的功能。以下是达到相同效果的
Groovy 脚本。

```
import groovy.json.*

// Turn the JSON into an object called 'response'
def response = prev.responseDataAsString
def json = new JsonSlurper().parseText(response)

vars.put("url_cnt", json.responseData.results.size as String)

for (int i = 0; i < json.responseData.results.size; i++)
{

    def result = json.responseData.results.get(i)
    vars.put("url_" + i, result.url)

}
```

为了使脚本可以正常运行，需要下载 groovy-all-2.3.x.jar 并存放在$JMETER_
HOME/lib 目录下，还需要确保在 BSF 后置处理器元件中选择 Groovy 作为编
程语言。

3.1.7　处理 XML 响应

另一种在测试计划中可能遇到的数据结构是 XML。一些网站把 XML 作
为它们的响应格式。可扩展标记语言（eXtensible Markup Language，XML）

允许你用和 JSON 不同的格式描述对象图。例如，直接访问 jmeterbook 网站可以获取这里的测试应用，以 XML 格式返回本章之前用到的一个人员列表。XML 的细节也超出了本书的范围，但是可以在网上找到更多内容。对于这里的练习来说，你仅需要了解 XML 的大概外观即可。看一下之前链接返回的XML。既然你知道了 XML 的大概外观，我们就通过一个示例测试计划来获取一个 XML 响应并从中提取相关变量。看一下这里要解析的 XML。

```
***maven***/remotecontent?filepath=org/springframework/spring-test/3.2
.1.RELEASE/spring-test-3.2.1.RELEASE.pom.
```

我们的目标是把所有的 artifactId 元素（深入嵌套在结构内部）提取到变量中，以便于我们在测试计划的后续步骤中使用。

参考以下步骤。

（1）启动 JMeter。

（2）右击 **Test Plan**，选择 **Add→Threads (Users)→Thread Group**，为测试计划添加线程组。

（3）为线程组添加 HTTP 请求取样器（右击 **Thread Group**，选择 **Add→Sampler→HTTP Request**）。

（4）在 **HTTP Request** 下，将实现方式改为 HttpClient4。

（5）设置 HTTP 请求取样器的属性。

● **Server Name or IP** 设置为***maven***。

● **Method** 设置为 GET。

● **Path** 设置为 /remotecontent?filepath=org/springframework/springtest/3.2.1.RELEASE/spring-test-3.2.1. RELEASE.pom。

（6）添加一个 Save Responses to a file 监听器作为 HTTP 请求取样器的子节点（右击 **HTTP Request Sampler**，选择 **Add→Listener→Save Responses to a file**），设置如下属性。

● **Filename prefix** 设置为 xmlSample_。

● **Variable name** 设置为 testFile。

（7）添加一个 XPath 提取器作为 HTTP 请求取样器的子节点（右击 **HTTP Request Sampler**，选择 **Add→Post Processors→XPath Extractor**），设置如下属性。

● **Reference name** 设置为 artifact_id。

● **XPath query** 设置为 project/dependencies/dependency/artifactId。

● **Default value** 设置为 artifact_id。

（8）右击 **Thread Group**，选择 **Add→Sampler→Debug Sampler**，为线程组添加调试取样器。

（9）右击 **Thread Group**，选择 **Add→Listener→View Results Tree**，为线程组添加 View Results Tree 监听器。

（10）保存测试计划。

保存成功后，就可以运行测试计划了，可以在 View Results Tree 监听器中看到 artifact_id 变量。这里唯一用到的新元素是 XPath 提取器后置处理器。这个漂亮的 JMeter 元件允许你使用 XPath 查询语言从格式化的 XML 或（X）HTML 响应中提取值。因此，可以通过简单的查询条件 project/dependencies/ dependency/artifactId 提取结构内部深度嵌套的元素。

将在结构内部寻找查询串尾部的元素（artifactId），如下所示。

```
<project...>
...
<dependencies>
<dependency>
<groupId>javax.activation</groupId>
<artifactId>activation</artifactId>
<version>1.1</version>
<scope>provided</scope>
```

```
</dependency>
...
</dependencies>
</project>
```

例如，这将会返回 activation。这正是我们想要的信息。现在你已经知道在处理 XML 响应时如何获取所需的信息了。

3.2　本章小结

首先，本章详细介绍了如何用 JMeter 捕获表单提交，讨论了包括复选框和单选按钮在内的简单表单。这部分内容同样也适用于其他输入表单元素，如文本框、组合框等。然后，本章讲述了在录制测试计划时如何处理文件上传和下载。同时，本章还阐述了如何处理 JSON 数据，包括提交和使用。要处理 JSON 数据，可以使用两个非常强大而灵活的 JMeter 后置处理器，分别是正则表达式提取器和 BSF 后置处理器。最后，本章讨论了在遇到 XML 数据时如何处理——使用 JMeter 提供的另一个后置处理器，即 XPATH 提取器后置处理器。现在，你可以用目前所学完成在制订和编写测试计划时与表单相关的大部分工作了。

下一章将介绍如何使用 JMeter 进行会话管理，展示如何使用 JMeter 提供的一些元件来处理 Web 应用的 HTTP 会话。

第 4 章
会 话 管 理

本章将详细介绍 JMeter 中的会话管理。Web 应用本质上使用了客户端和服务器端会话，通过协同合作为每一个用户提供了一个独立的通道，确保自己与服务器端的通信与其他用户分离开。例如，在第 2 章中，在用户登录应用后，服务器端会话就创建了，之后对于用户所有发往服务器端的请求都保持服务器端会话，一直到用户退出应用。这可以防止用户查看对方的信息。基于应用的架构，会话可能通过 Cookie（用得较多，属于第一种模式）或重写 URL（用得较少，属于第二种模式）来保持。在第一种模式下，通过在请求头中发送一个 Cookie 来保持会话，而在第二种模式下重写 URL，加入会话的 ID。主要的区别在于在第一种模式下，依赖于客户端选择的浏览器支持 Cookie 并对应用开发者透明，但是在第二种模式下对开发者不透明，且不论是否支持 Cookie 都可行。话虽如此，详细介绍这两种模式超出了本书的范围，但是如果你对这两种模式比较混淆，建议多花一些时间在网上搜索相关资源以加强了解。在本书中，你只需要了解这样两种模式，并且 JMeter 都能处理即可。

现在我们切入正题，通过测试场景来看看 JMeter 分别是如何处理的。

4.1　使用 Cookie 管理会话

大部分 Web 应用依赖 Cookie 来维持会话状态。在因特网发展初期，Cookie

仅用于保存会话 ID。随着慢慢发展，现在的 Cookie 已经包含了大量其他信息，例如，用户的 ID 以及位置偏好。例如，在第 2 章的案例分析中的银行应用，就依靠 Cookie 来为每个用户维持与服务器端的有效会话，这样用户才可以往服务器端发送一系列请求。举个实际例子可能更清楚一些，下面给出一个实例。在例子中，登录后用户的某些资源是根据用户角色受保护的。用户可以是一个管理员或一个普通用户角色。通过 Cookie 来管理会话的步骤如下所示。

（1）启动 JMeter。

（2）启动测试脚本录制器（如果你不知道如何操作，请参考第 2 章）。

（3）访问 jmeterbook 网站。

（4）单击 **User Protected Resource** 链接（参见第 4 章）。

（5）登录。

（6）在 **Username** 文本框中输入 user1。

（7）在 **Password** 文本框中输入 password。

（8）单击 **User Resources** 下的链接。

（9）退出。

（10）保存测试计划。

保存之后直接运行录制的测试场景还无法得到预期的结果。添加一个 **View Results Tree** 监听器（右击 Test Plan，选择 **Add→Listener→View Results Tree**）来诊断具体运行情况。开始运行后，可以通过 **View Results Tree** 监听器来观察服务器端返回的响应，即使所有的响应都是绿色的，这表明请求成功（因为我们从服务器端得到的响应码是 200），在成功登录后也需要返回登录页面（在成功验证后查看 **View Results Tree** 的 **Response** 选项卡中的后续请求）。确保从下拉列表中选择 HTML 视图，从而能够更清楚地看清渲染后的页面。

如果查看 **Request** 选项卡，你就会知道为什么用到它了。以下是登录过程中 Request 数据的片段。你可能会看到类似如下的内容。

```
GET
  ***jmeterbook*** jsessionid=2CE58BC 032344AA90CA60C6C880687A4
```

[no cookies]

```
Request Headers:
Connection: keep-alive
Content-Type: application/x-www-form-urlencoded
Accept-Language: en-US,en;q=0.8
Accept:
  text/html,application/xhtml+xml,application/xml;q=0.9,*/*;q=0.8
Origin: ***jmeterbook***
User-Agent: Mozilla/5.0 (Macintosh; Intel Mac OS X 10_8_2)
  AppleWebKit/537.22 (KHTML, like Gecko) Chrome/25.0.1364.99
    Safari/537.22
Accept-Charset: ISO-8859-1,utf-8;q=0.7,*;q=0.3
Cache-Control: max-age=0
Referer: ***jmeterbook***login/auth
Accept-Encoding: gzip,deflate,sdch
Host: jmeterbook***
```

你会注意到如下几点。首先，出现[no cookies]行，表明 JMeter 没有找到用于这条请求的任何 Cookie。然后，请求第一行的 jsessionid Cookie。一旦验证通过，服务器端使用该 Cookie 将所有有相同会话 ID 的用户请求归为一类。如果把它和后续在 View Results Tree 中看到的内容对比，你会注意到不同的 jsessionid 的值，这说明服务器端把后续的请求当作全新的请求，与之前的请求区分开。最后，后续请求的 URL 与我们之前看到的非常类似，这说明要求我们重新验证，因为服务器端并没有把我们保护资源的请求关联到相同的 jsessionid Cookie。

以下展示的是其中的片段。

```
GET
  ***jmeterbook***/login/auth;jsessionid=0B478A8A1F93D68D14
745261D0A7E792
```

[no cookies]
  …

以上并没有表明 JMeter 适当地管理会话,但是它是如何做到的呢? JMeter 通过一系列元件来帮助管理会话。因为这里的样本依赖 Cookie 来管理会话,所以我们将会用到 **HTTP Cookie 管理器**元件。这个元件和 Web 浏览器一样存储并发送 Cookie。如果一个 HTTP 请求和响应包含一个 Cookie,这个 Cookie 管理器就自动收集 Cookie,并用于后续应用的其他请求。

> 因为一个线程相当于 JMeter 中的一个用户,所以每一个线程都有它自己的 Cookie 存储区,这就使我们可以同时运行多个用户,而分别维持自己的会话。

这正是我们想要的。下面在测试计划中添加一个 Cookie 管理器。右击 **Test Plan**,选择 **Add→Config Element→HTTP Cookie Manager**(参见图 4-1)。通过这个元件可以自定义额外的 Cookie,但是默认设置通常就能满足你的需求,更多的 Cookie 只在需要对应用做一些复杂操作时才会用到。添加好后,重新运行测试计划,并观察 **Request** 选项卡,我们将会看到完全不同的结果。这一次,存储 jsessionid Cookie 并在请求过程中一直维持,同时[no cookies]行也不见了。以下是 **View Results Tree** 中两条后续请求的片段。

```
GET ***jmeterbook***

Cookie Data:
JSESSIONID=013FA93C2AABB31EBE8FDF8CCC575F09
GET ***jmeterbook***

Cookie Data:
JSESSIONID=013FA93C2AABB31EBE8FDF8CCC575F09
```

我们注意到所有请求都有相同的会话 ID。如果你观察响应数据,就会发现你可以访问受保护的资源了。图4-1展示了如何使用 **HTTP Cookie Manager** 元件逐渐来定义额外的 Cookie。

以上就是 **HTTP Cookie Manager** 元件的内容。根据应用需求,在一个测试计划中可以有不止一个Cookie管理器。例如,如果测试计划里有多个线程组,则可以为每个线程组设置一个Cookie管理器。

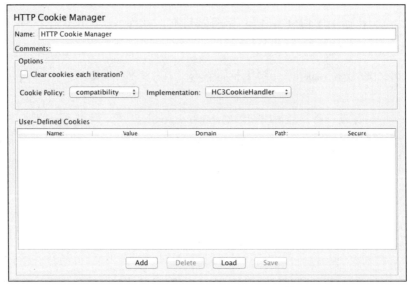

图 4-1 HTTP Cookie Manager 元件

如果一个取样器里有不止一个 Cookie 管理器，没办法指定使用哪一个。同样，一个 Cookie 管理器里存储的 cookie 无法用于另一个管理器，所以在使用多个 Cookie 管理器时请多加注意。

4.2 通过重写 URL 管理会话

在不支持 Cookie 的情况下，通过 Web 应用管理会话的另一种方法是重写 URL。这种方法是把会话 ID 直接写在 HTML 页面的所有 URL 中，作为客户端的响应发送。这种方法可以确保会话 ID 作为请求的一部分发回服务器端，不需要在请求头中添加任何东西。这种方法的优点在于即使客户端浏览器不支持 Cookie 也有效。参考如下步骤，通过一个实例来看看 JMeter 如何处理这种情况。

（1）运行 JMeter。

（2）开启 HTTP 代理服务器（如果你不知道这一步如何操作，请参考第 2 章）。

（3）打开 jmeterbook 网站。

（4）单击 Chapter 4 下的 **URL Rewrite Sample** 链接。

（5）单击 **First** 链接。

（6）单击 **Another** 链接（在页面底部）。

（7）单击 **Home** 链接。

（8）单击 **Second** 链接。

（9）单击顶部导航栏中横幅上的 **jmeter-book** 链接。

（10）保存测试计划。

保存后，如果重新运行测试计划，你会注意到所有的链接都加上了一个名为 jsessionid 的 Cookie。这确保了所有发往服务器的请求都使用相同的会话 ID，同时所有的请求都被当作一次与服务器端的会话。简单来说，保持了会话。所有请求链接的会话 ID 都是录制开始时服务器端生成的那个 ID。显然，我们需要把这个 ID 转换为变量，然后用在多个线程中，这样每一个新的线程都会被当作一个新的用户，每个新用户拥有他们自己的唯一会话 ID。

为了做到这一点，我们引入 JMeter 的 **HTTP URL Re-writing Modifier** 元件。这个元件与 **HTML Link Parser Modifier** 元件类似，不同的是前者的主要目的是从响应、页面或链接中提取会话 ID。在测试计划中添加这个元件（右击 **Thread Group**，选择 **Add→Pre Processors→HTTP URL Re-writing Modifier**）。参照图 4-2 配置元件。最重要的变量是 **Session Argument Name**。该变量用于指定从响应中获取的会话 ID 的变量名称。这通常与你的应用相关，比如，Java Web 应用通常是 jsessionid（在该例子里）或 JSESSIONID。非 Java 写的 Web 应用可能有类似 SESSION_ID 的这样一个变量。检查被测应用，注意会话 ID 存储的键。把这个值填入这个参数框中。在该例子中，这个值就是 jsessionid。图 4-2 展示了 **HTTP URL Re-writing Modifier** 的配置元件。

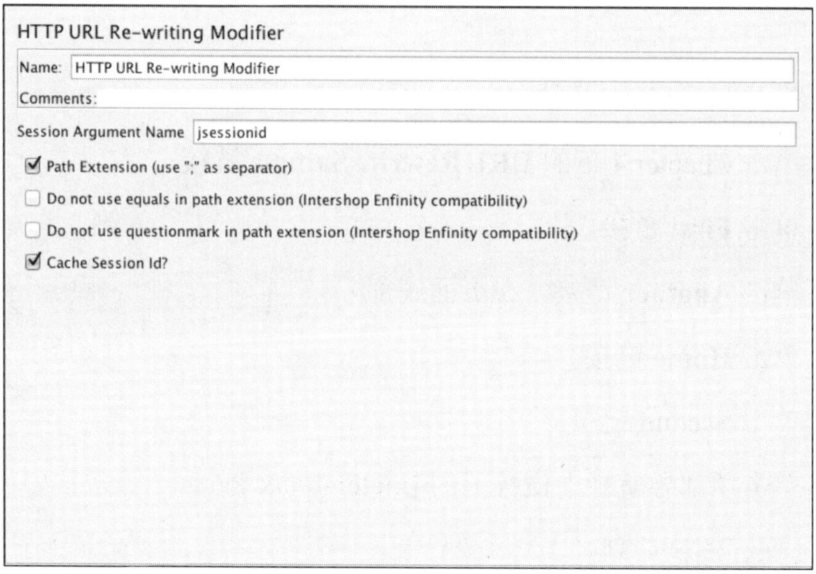

图 4-2 配置 HTTP URL Re-writing Modifier

其他配置项分别如下所示。

- **Path Extension** 复选框：如果勾选，会通过一个分号来分离会话 ID 和 URL 参数。Java Web 应用需要使用这个选项，所以在该样例中勾选这个复选框。

- **Do not use equals in path extension** 复选框：如果勾选，在捕获重写的 URL 时会忽略 "="。然而，Java Web 应用需要使用 "="，所以取消勾选该项。

- **Do not use questionmark in path extension** 复选框：不允许以查询串作为路径扩展的结尾。这里取消选中该项。

- **Cache Session Id?** 复选框：用于保存最后一次使用的会话 ID 的值，比如，在后续的页面请求中并没有出现的情况下。这里取消勾选该项。

我们希望一个线程/用户发送的所有页面请求都有相同的会话 ID。

在重新执行测试计划前，最后需要做的是清除之前在录制过程中捕获的已存在的会话 ID。遍历每个取样器并从 URL 请求路径中删除这些会话 ID。参考如下 URL。

```
/urlRewrite/link1;jsessionid=9074385741E66F07B36286763FF8C2FD
```

这将被重写为如下形式。

```
/urlRewrite/link1
```

以上 URL 将由 **HTTP URL Re-writing Modifier** 元件自动捕获并自动添加至后续请求中。现在，可以重新运行测试计划来看看效果了。如果你之前未添加 **View Results Tree** 监听器，就为测试计划添加一个。运行之后，我们可以检查结果是否符合预期。对于用户的后续请求应该保持相同的会话 ID。以下是相同线程中 3 条后续请求的片段，在 3 个请求中保持了相同会话 ID（774F9D6220F76C54CA346D0365A33998）。

```
GET ***jmeterbook***;jsessionid=774F9D6220
F76C54CA346D0365A33998

[no cookies]

Request Headers:
Connection: keep-alive
Accept-Language: en-US,en;q=0.5
Accept: text/html,application/xhtml+xml,application/
xml;q=0.9,*/*;q=0.8
User-Agent: Mozilla/5.0 (Macintosh; Intel Mac OS X 10.8; rv:16.0)
  Gecko/20100101 Firefox/16.0
Referer: http://jmeterbook.aws.af.cm/
Accept-Encoding: gzip, deflate
Host: jmeterbook.aws.af.cm

GET ***jmeterbook***;jsessionid=774F9D6220
F76C54CA346D0365A33998
```

```
GET ***jmeterbook***;jsessionid=774F9D6220
F76C54CA346D0365A33998
```

尽管这里把这个元件放置在 Thread Group 级别，但是可以把它放置在取样器级别。在这种情况下，它只会修改指定请求而不会影响后续请求。你可能在某些情况下会用到类似功能。

以上介绍了通过 JMeter 来管理会话的不同途径。被测的所有 Web 应用主要通过管理 Cookie 和重写 URL 来管理会话。基于实际需求，JMeter 提供了相应元件来帮助管理会话。

4.3　本章小结

本章介绍了在测试计划中 JMeter 如何帮助管理 Web 会话。首先，本章介绍了大多数 Web 应用管理会话的方法——使用 Cookie。在这种情况下，JMeter 提供了一个叫作 **HTTP Cookie Manager** 的元件，它的主要工作就是捕获服务器端生成的 Cookie 并存储，从而在后续执行测试时使用。然后，本来讲述了另外一种不同于 Cookie 的会话管理方法——重写 URL。可以使用 JMeter 提供的另外一个元件——**HTTP URL Re-writing Modifier** 来处理这种情况。

综上所述，本章介绍的东西将帮助你在为应用建立测试计划时更有效地管理会话。

下一章将介绍资源监控。

第 5 章
资 源 监 控

目前为止，我们已经了解了 JMeter 如何运行性能测试。本章将探讨 JMeter 在资源监控方面能够提供的功能。资源监控是一个涉及分析系统硬件使用情况（包括 CPU、内存、硬盘和网络）的宽泛主题。在进行测试的过程中，了解在不同负载下每一种资源的行为非常重要，这有助于你了解瓶颈所在并找到相应的解决方案。很多公司已经成立了专门的团队（如网络和系统工程师团队）来配置和监控这些系统资源。此外，也可以用一些专门的工具来监控和分析资源使用情况，如 HP 的 Open View、CA 的 Wily Introscope（现在叫 CA 应用性能管理工具）、New Relic、profiler agent probes 等。在这些工具面前，JMeter 所能提供的功能顿时黯然失色。尽管如此，不是所有的公司都能支付这些工具的费用，或都有专门负责资源监控的人员。你可能不仅负责测试，还负责所有的监控。

因为本书主要讲解 JMeter，所以本章介绍如何用 JMeter 监控资源。

5.1 基础的服务器监控

JMeter 自带一个开箱即用的监控控制器，通过它可以监控应用或 Web 服务器的基本健康信息，包括轻量级的 Web 容器（如 Jetty、Apache Tomcat、Resin），或者大型重量级容器（如 WebSphere、Weblogic、jBOSS、Geronimo、

Oracle OCJ4 等）。诸如活跃线程数、内存、健康状况以及负载之类的指标数据都会被收集并生成一张图表。有了这些指标数据，你可以很清楚地看出服务器性能和客户端响应时间之间的关系。多个服务器也可以通过一个监控控制器来监控。尽管这个控制器开始只在 Apache Tomcat 服务器上使用，但实际上所有支持 Java 管理扩展（Java Management Extension, JMX）的 servlet 容器都可以用。本书不介绍其他服务器，在本章的例子中只会用到 Apache Tomcat。

在测试执行过程中，监控服务器帮我们识别在应用中或系统资源上可能存在的瓶颈。它可能关注长时间的查询，线程数或数据连接池数不足，堆内存不足，高 I/O 活动，服务器容量不足，应用元件性能速度变慢，跟踪 CPU 使用率等。这些信息对于解决性能问题和达到我们的预期目标都非常重要。

首先，需要一个服务器作为监控对象。下载 Apache Tomcat 并运行它。

配置 Apache Tomcat 服务器

参考以下步骤配置一个 Apache Tomcat 服务器。

（1）从 Apache 网站下载 Apache Tomcat。在本书写作时，Apache Tomcat 最新的版本是 8.0.15。使用一个以前的版本也是可以的。

（2）获取.zip 文件或解压.tar 文件。

（3）提取文件内容到选择的路径，提取出的内容见图 5-1。本章后面的 TOMCAT_HOME 会用到这个路径。

（4）打开命令行，切换到 TOMCAT_HOME/bin 目录。

（5）启动服务器，通过以下命令验证成功安装。

在 Windows 系统下，执行如下命令。

```
Catalina.bat run
```

在 UNIX 系统下，运行如下命令。

```
./catalina.sh run
```

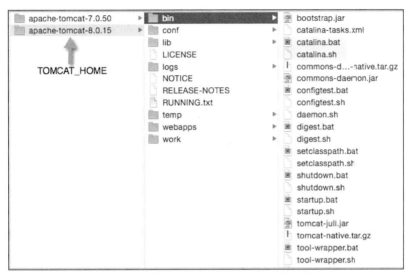

图 5-1　从 Apache Tomcat 中提取出的内容

如果一切正常，服务器将会正常启动，可在控制台看到类似如下内容。

```
Using CATALINA_BASE:    /Users/berinle/devtools/server/apache-tomcat-
8.0.15
Using CATALINA_HOME:    /Users/berinle/devtools/server/apache-tomcat-
8.0.15
Using CATALINA_TMPDIR:  /Users/berinle/devtools/server/apache-tomcat-
8.0.15/temp
Using JRE_HOME:         /Users/berinle/.jenv/versions/oracle64-1.8.0.20
Using CLASSPATH:        /Users/berinle/devtools/server/apache-tomcat-
8.0.15/bin/bootstrap.jar:/Users/berinle/devtools/server/apache-tomcat-
8.0.15/bin/tomcat-juli.jar
15-Dec-2014 14:33:32.711 INFO [main] org.apache.catalina.startup.
VersionLoggerListener.log Server version:         Apache Tomcat/8.0.15
…
15-Dec-2014 14:33:34.139 INFO [localhost-startStop-1] org.apache.
catalina.startup.HostConfig.deployDirectory Deployment of web
application directory /Users/berinle/devtools/server/apache-tomcat-
8.0.15/webapps/ROOT has finished in 31 ms
15-Dec-2014 14:33:34.143 INFO [main] org.apache.coyote.
```

```
AbstractProtocol.start Starting ProtocolHandler ["http-nio-8080"]
15-Dec-2014 14:33:34.150 INFO [main] org.apache.coyote.
AbstractProtocol.start Starting ProtocolHandler ["ajp-nio-8009"]
15-Dec-2014 14:33:34.151 INFO [main] org.apache.catalina.startup.
Catalina.start Server startup in 1119 ms
```

 如果服务器没有启动，可能是因为 JAVA_HOME 没有正确设置（参考第 1 章），或者 bin 目录下的可执行文件权限不对。请参考 Apache Tomcat 文档了解详细内容。

在浏览器地址栏中输入 http://localhost:8080，确认你是否可以看到 Apache Tomcat 的首页，如图 5-2 所示。

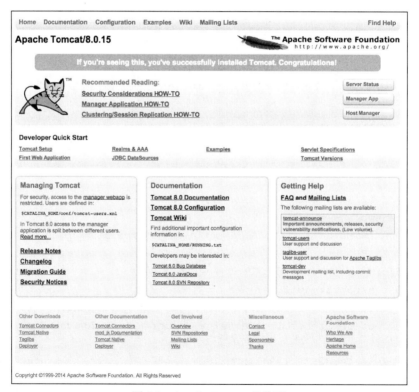

图 5-2 Apache Tomcat 的首页

恭喜你，你的服务器现在已经启动了！为了监控它，你还需要在服务器上配置至少一个拥有合适角色的用户账号，用于获取你所需要的信息。这个账号很快将在你后续在 JMeter 中配置监控控制器时用到。

 要使用 Tomcat 默认的 8080 以外的端口，需要编辑$TOMCAT_HOME/conf/server.xml，将 8080 替换成你想要的端口。

1. 配置 Tomcat 用户

参考如下步骤配置 Tomcat 角色和用户。

（1）切换到 TOMCAT_HOME/conf。

（2）用合适的编辑器打开 tomcat-users.xml。

（3）添加如下内容。

```
<tomcat-users></tomcat-users>
<role rolename="manager-gui"/>
<user username="admin" password="admin" roles="manager-gui"/>
```

这将创建一个用户名和密码都为 admin 的用户，用于 Tomcat Manager App 的验证。

（4）保存文件。

（5）按 Ctrl+C 快捷键停止服务器，然后重新启动，确保配置修改已生效。

（6）访问 http://localhost:8080，单击 Manager App 按钮，弹出的界面如图 5-3 所示。

（7）输入登录凭证（用户名和密码都是 admin）。

（8）现在你应该已经看到管理员界面了。

最后，服务器配置成功，我们就可以继续配置 JMeter 来监控服务器了。

tomcat-users.xml 的内容如下。

```xml
<?xml version='1.0' encoding='utf-8'?>
<tomcat-users>
<role rolename="manager-gui"/>
<user username="admin" password="admin" roles="manager-gui"/>
</tomcat-users>
```

图 5-3　通过 Tomcat Manager App 验证

2. 在 JMeter 中配置一个监控控制器

参考以下步骤在 JMeter 中配置一个监控控制器。

（1）启动 JMeter。

（2）右击 **Test Plan**，选择 **Add→Threads(Users)→Thread Group**，添加线程组。

（3）右击 **Thread Group**，选择 **Add→Config Element→HTTP Authorization Manager**，添加 HTTP 认证管理器。

● Base URL 留空。

● Username 设置为 admin。

● Password 设置为 admin。

● Domain 留空。

● Realm 留空。

（4）右击 **Thread Group**，选择 **Add→Sampler→HTTP Request**，添加 HTTP 请求，并进行属性设置。

- **Name** 设置为 Server Status（可选）。

- **Server Name** 设置为 localhost。

- **Port Number** 设置为 8080。

- **Path** 设置为/manager/status。

（5）添加一个叫"XML"的请求参数，参数值指定为小写的"true"。

（6）选中取样器底部的 **Use as Monitor**。

（7）右击 **Thread Group**，选择 **Add→Timer→Constant Timer**，添加一个 5000ms 延时的固定定时器。

（8）右击 **Thread Group**，选择 **Add→Listener→Monitor Results**，添加一个监控监听器。

（9）保存测试计划。

现在 JMeter 都设置好了，可以开始监控服务器了。现在可以执行测试计划，我们可能看不到太多结果，这是因为服务器上还没有什么活动，我们需要加入一些活动以供 JMeter 监控。我们基于 Apache Tomcat 配套的一个例子准备了一个测试计划,用来给服务器增加一些负载。如果你没有修改过 Tomcat 的默认服务端口，这个测试计划可以通过.bat 文件正常运行。

- 在启动测试计划前，把监控测试计划修改为无限循环，这样就可以持续看到服务器的指标数据了。

- 在监控测试计划上单击 **Thread Group** 并勾选 **forever** 复选框来实现循环计数。保存测试计划。

这个监控测试计划中的固定定时器给服务器增加负载的时间间隔不足 5s。在为生产环境配置监控之前，应该和你公司的架构师（如果有的话）共同来选择合适的间隔。默认情况下，5s 是一个合适的值。

为了在监控测试计划时运行提供的测试计划，需要再启动一个 JMeter 实例，并在其中打开提供的测试计划。

不需要执行其他操作，我们就可以启动监控测试计划，然后运行提供的测试计划来给服务器加压，并观察监控结果。如果一切设置正确，你将会在 Monitor Results 监听器上逐渐看到一些结果。Health 选项卡中的内容（见图 5-4）可能和 Monitor Results 监听器中后续的图形类似，Performance 选项卡中的内容也可能和 Monitor Results 监听器中后续的图形类似。Health 选项卡如图 5-4 所示，在运行过程中刚开始服务器处于 Healthy 状态，在运行结束时服务器处于 Active 状态。我们没有看到 Warning 或 Dead 状态，这证明服务器总体上是健康的。

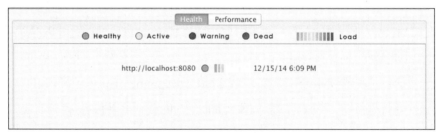

图 5-4　Health 选项卡

在 Monitor Results 监听器（见图 5-5）中，单击 Performance 选项卡，可以看到 **Memory** 和 **Load** 在运行过程中逐渐上升。也可以观察到 **Thread** 曲线和 **Health** 曲线也是一直维持在健康的级别。

以上展示了 JMeter 提供的基本监控。下一节会介绍如何利用 JMeter 的插件架构以及使用一个插件来提供我们所需的更丰富的监控指标数据。

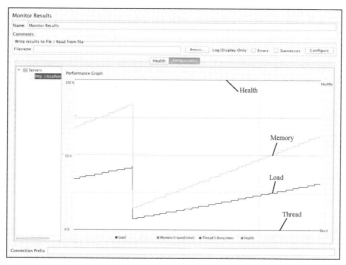

图 5-5   Monitor Results 监听器中的 Performance 选项卡

5.2   通过 JMeter 插件监控服务器

目前为止，我们已经学习了如何通过 JMeter 内置的服务器监控能力来监控服务器健康状况。这可以满足基本需求，但是对于高级需求来说就有点捉襟见肘。比如，生成的图没有提供 CPU 和硬盘 I/O 的数据，这可能会限制你的分析。为了得到这些数据，可以通过扩展 JMeter 的一套插件来得到相应的结果。关于 JMeter 插件，可查看 jmeter-plugins 网站。作为一个项目，JMeter 插件主要用于扩展 JMeter 自身无法提供的功能。这个项目提供了额外的取样器、图、监听器等，使 JMeter 的功能更易于使用。在本节中，我们将安装一些插件，并使用插件提供的监控功能获取更好的指标数据。

安装这些插件的前提条件是运行的 JMeter 版本至少是 2.8，并且使用的是 JRE（Java 运行环境）版本至少是 1.6。

5.2.1   安装插件

插件包括 3 个存档文件，分别需要提取至不同的地方。在本书创作时，该项目的版本是 1.2.0，这正是我们这里用到的。

我们参考以下步骤来安装这个插件。

（1）访问 jmeter-plugins 网站，导航到 Download 部分。

（2）下载 JMeterPlugins-Standard-1.2.0.zip 文件。这个文件包含 JMeter 的常规插件。

（3）下载 ServerAgent-2.2.1.zip 文件。这个文件包含 PerfMon Metrics Collector 插件中单个实用程序用到的服务器资源监控代理。

（4）提取 JMeterPlugins-Standard-1.2.0.zip 文件的内容至 JMETER_HOME。具体来说，复制文件 lib/ext 的内容至 JMETER_HOME/lib/ext。

（5）提取 ServerAgent-2.2.1.zip 文件的内容至 TOMCAT_HOME/serveragent 目录。注意，serveragent 目录需要自己创建。

（6）下载 JMeterPlugins-1.1.0.zip 文件。这个文件包含 JMeter 的常规插件。

（7）下载 JMeterPlugins-libs-1.1.0.zip 文件。这个文件包含了提供的一些常规插件用到的第三方 JAR 库。

（8）下载 ServerAgent-2.2.1.zip。这个文件包含了 PerfMon Metrics Collector 插件中单个实用程序用到的服务器资源监控代理。

（9）提取 JMeterPlugins-1.1.0.zip 文件的内容至 JMETER_HOME/lib/ext。

（10）提取 JMeterPlugins-libs-1.1.0.zip 文件的内容至 JMETER_HOME/lib。

（11）提取 ServerAgent-2.2.1.zip 文件的内容至 TOMCAT_HOME。

通过以上步骤，我们已经安装了整套插件，为 JMeter 增加了新的特性。如果你现在重新运行 JMeter，你会注意到额外的取样器、监听器、计时器等，通过以 jp@pc 开头来和 JMeter 自带的插件区分开。

启动服务器代理，这会增强 JMeter 的监听器探测功能，稍后会把该功能添加到测试计划中。

参考如下步骤。

（1）启动 shell 或 DOS 窗口。

（2）切换到 TOMCAT_HOME/serveragent 目录。

（3）通过命令启动代理。

- 在 Windows 系统下，执行如下命令。

startAgent.bat

- 在 UNIX 系统下，执行如下命令。

./startAgent.sh

如果代理成功启动，你应该会看到如下日志。

```
INFO 2015-01-05 19:13:33.328 [kg.apc.p] (): Binding UDP to 4444
INFO 2015-01-05 19:13:34.329 [kg.apc.p] (): Binding TCP to 4444
INFO 2015-01-05 19:13:34.334 [kg.apc.p] (): JP@GC Agent v2.2.0
started
```

如你所见，代理已经在默认端口 4444 上启动了。在后面为 JMeter 配置监控监听器时我们会用到这个端口。如果这个端口无法满足你的需求，JMeter 插件提供了配置文件，可以通过编辑文件来指定端口。请参考 jmeter-plugins 网站的文档。

服务器代理启动后，可以为测试计划添加一些监控监听器。在这里，选择由 Apache Tomcat 提供的取样器录制的测试计划。

相同的概念可应用于在安装监控器代理的相同服务器上部署的其他应用。

5.2.2 为测试计划添加监控监听器

参考如下步骤为测试计划添加一个监控监听器。

（1）运行 JMeter。

（2）打开提供的测试计划（advanced-monitoring-sampler-1.jmx，参见 GitHub 网站）。

（3）右击 **Test Plan**，选择 **Add→Listener→jp@gc-PerfMonMetrics Collector**，添加一个 PerfMon Metrics Collector 监听器。

- 添加几行分别获取 CPU、内存、网络 I/O、硬盘 I/O 的指标。
- **Host/IP**：设置为 **localhost**。
- **Port**：设置为 **4444**。
- Metrics to collect（下拉列表）：设置为 **CPU/Memory/Network I/O，Disks I/O**。

（4）右击 **Test Plan**，选择 **Add→Listener→jp@gc-Response Times Over Time**，添加一个 Response Time Over Time 监听器。

（5）右击 **Test Plan**，选择 **Add→Listener→jp@gc-Transactions per Second**，添加一个 Transactions per Second 监听器。

（6）保存测试计划。

运行服务器代理并设置额外添加的监控监听器之后，就可以开始进行测试了。执行测试后，如果单击 **jp@gc-PerfMon Metrics Collector** 就会看到我们选择分析的数据图表。如图 5-6 所示，CPU 曲线不断在峰值和谷值之间波动，说明服务器上的负载非常低。内存基本稳定，网络也相对稳定，在执行测试后 2 分钟内内存占用量非常高。在波动之后下降到一个非常低的范围，所以在测试执行到这个时间点时网络上可能有内存泄露，才导致这样的一个波动。因为测试计划不涉及任何硬盘 I/O，所以在仿真过程中一直保持在 0。

Response Times Over Time 监听器显示了测试运行过程中服务器端处理每一个请求所花的时间。这张图表可能很难看清楚，所以在 Rows 选项卡中，可以只选中你想要分析的请求。我们在全程响应时间图表中选中了少量请求。

图 5-7 展示了 3 分多钟的请求/样本响应时间，最长的响应时间出现在 00:01:32 和 00:01:50 处。

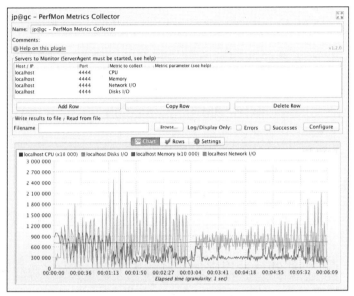

图 5-6 PerfMon Metrics Collector 监听器

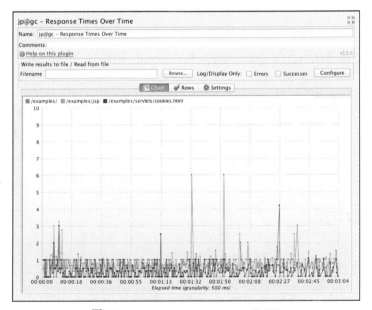

图 5-7 Response Times Over Time 监听器

尽管这里没有展示，但是最后我们添加的监听器是 Transactions per Second 监听器。其中展示的是在测试运行过程中服务器端每秒可处理的请求（交易）数量。类似于 Response Times Over Time 监听器，这个监听器中的图表也很难看清，可以选择感兴趣的请求，然后根据图表获得你想要的信息。

如你所见，与服务器代理相关的一些新的监听器让你可以监控到比 JMeter 自身能提供的更丰富更详细的资源使用情况。除了这里采集到的信息之外，还可以采集包括交换区、TCP、JMX 等在内的内容。总体来说，我们可以用监听器更有效地完成服务器资源的监控。

尽管在这里只为一台服务器设置了监听器，但是可以为多个服务器设置监听器，例如，在有一个服务器集群的情况下。

以上介绍了在性能测试过程中如何监控服务器，因为这是一本关于 JMeter 的书，所以我们直接介绍的是用 JMeter 如何监控。然后，为了满足更深层次的监控需求，可以使用一些免费的和收费的工具，它们可以完成更全面的服务器资源分析。

如果被测应用运行在 Java 虚拟机（Java Virtual Machine，JVM）上，VisualVM 就是一款免费的轻量级资源监控工具。更多细节可以参考 Java 网站。商业工具也有很多选择，最有名的一些包括 YourKit（参见 YourKit 网站）以及 JProfiler。YourKit 还有一个面向.NET 应用的分析器，如果你的应用正好属于该类别，完全可以使用 YourKit。

5.3　本章小结

本章介绍了如何利用 JMeter 来监控服务器资源。为了完成监控，首先配置了一个 Apache Tomcat 服务器。之后，本章介绍了 JMeter 自带的服务器监控功能。接下来，本章讨论了如何通过扩展 JMeter 的定制化开发插件来获取更多更详细的监控数据。通过扩展我们可以监控 CPU、硬盘 I/O、内存、网络 I/O 等服务器资源的信息。这些插件还提供了额外的取样器、计时器、处理器 以及监听器,用于监控每秒事务量以及全程响应时间等指标。尽管 JMeter 不 是一个全面的监控工具,但是它能够完成一些基础的服务器资源监控功能。

下一章将介绍如何通过 JMeter 完成分布式测试。

第 6 章
分布式测试

因为单台机器的资源是受限的，所以在单台机器上运行测试计划可能会遇到瓶颈。例如，如果你希望为一个测试计划启动 1000 个用户。根据你的测试计划以及测试用的机器的功能和资源，单台机器可能只能启动 300~600 个线程，再往上可能就会出现错误从而带来不准确的测试结果。好几个原因可能导致这样的结果。其中之一是单台机器可能限制了可以启动的线程数量。为了避免所有系统故障，大多数操作系统为主机应用设置了类似的限制。同时，你可能需要模拟不同 IP 地址中的请求，分布式测试允许你在许多低端的机器上复制测试计划，允许你启动更多线程数，所以给服务器带来更大压力。本章将介绍如何用 JMeter 进行分布式测试，并在测试过程中给待测服务器增加负载。

6.1 使用 JMeter 进行远程测试

JMeter 本身就支持分布式测试。这允许以单个 JMeter GUI 实例作为主节点，控制大量远程 JMeter 实例，也就是从节点，并从那里收集测试结果。分布式测试的特性如下所示。

- 把测试样本保存至本地机器。

- 从单台机器管理多个 **JMeterEngine**（从节点）实例。

- 从主节点上复制测试计划至每一台需要控制的服务器，而不需要复制到每一台服务器。

 JMeter 不会在服务器之间分配负载。每台服务器都完整地运行整个测试计划。

尽管测试计划需要在各台服务器之间复制，但测试计划需要的测试数据不需要复制。用于测试的输入数据（如 CSV 数据）需要在测试计划运行的每台服务器上可用。这可以通过把所有服务器接入一个共享网络来实现。

 远程模式比运行相同数量的非 GUI 测试更耗资源。如果用到大量服务器实例，客户端的 JMeter 可能会超负荷，客户端的网络连接也一样，因为结果需要实时由从节点传输到主节点。

JMeter 分布式测试框架如图 6-1 所示。

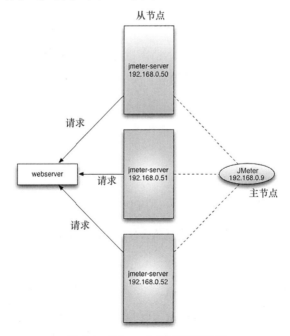

图 6-1　JMeter 分布式测试架构

所有从节点和主节点都运行相同版本的 JMeter，如果可能的话，JRE 的版本也相同，这一点非常重要。大多数时候，版本号差异很小是可以的，但是差异偏大就不行。比如，主节点运行在 JRE 1.6.12 上，从节点运行在 1.6.17 上是可以的，而主节点、从节点分别运行在 JRE 1.6.xx 和 1.5.xx 上就不行。

配置 JMeter 从节点

配置 JMeter 从节点有多种方式。本节将介绍两种常用的方法。

最简单的方法是买一台新的机器，但对于大多数人来说，这是不太实际的。另一个选择是使用办公室里暂时没用的其他计算机，适当配置之后用于运行从节点。尽管这个方案看起来很完美，但如果没有合适的工具、相关的知识和经验，把这一切配置好需要花费很多时间。此外，还可以使用虚拟机来实现，这也是本节将重点介绍的。我们基于以下理由选择这种方法。

- 不需要使用其他的物理机器来完成分布式测试。

- 可以使用 Vagrant——一个非常出色的基础设施自动化工具来设置虚拟机，这不存在软件方面的问题。

- 可以在很短的时间内启动一些虚拟机，甚至比你去咖啡店买一杯咖啡的时间还短。

- 虚拟机是免费的。

- 可以使用配置管理工具（如 Puppet、Chef、Ansible 以及 Salt 等）。

- 相同的特性在云平台测试（AWS、Rackspace、Digital、Ocean 等）上也适用。

如果你以前没有听说过 Vagrant，也不必惊慌。使用这个工具可以轻松地完成开发环境的配置。通过 Vagrant 可以创建并配置轻量级、可复制、可移植的开发环境。Vagrant 详细的使用说明不在本书讨论的范围内，但是建议浏览

vagrantup 网站了解更多内容。可从 vagrantup 网站下载 Vagrant。在本书写作的时候，Vagrant 最新的版本是 1.7.2，也是本章中使用的版本。

在本书中，我们准备了一些用于提供虚拟机的脚本。运行这些脚本的唯一要求是你的机器上需要安装 Oracle 的 VirtualBox。VirtualBox 具有 Windows、Mac OS、Solaris 和 Linux 上的安装程序。可以在 VirtualBox 网站上根据操作系统选择合适的版本。在本书写作的时候，VirtualBox 的版本的是 4.3.20，也是这里安装的版本。

在 Vagrant 和 VirtualBox 都安装好后，就可以开始配置分布式测试环境了。我们继续操作。

1．为每一台机器配置一个节点

在以下配置中，我们将配置 3 台从机并由一个主客户端来控制它们。我们需要有 4 台物理机，其中一台是主节点（JMeter GUI 运行在它上面），其他 3 台是从节点（JMeter 服务端脚本运行在它们上面）。参照以下步骤。

（1）从 GitHub 网站下载本节提到的 Vagrant 项目。

（2）提取出内容至你选择的目录，例如，ch6_01。

（3）启动命令行，切换到上一步选择的目录。

（4）执行 vagrant up n1。

（5）根据提示，选择合适的网络进行连接。如果有无线网络，可以选择 **en1:Wi-Fi**。如果有以太网，可以选择 **en0:Ethernet**。

稍后，一个安装了 JMeter 的功能完整的 VirtualBox 就创建完毕，并准备运行了。你应该会看到如下日志。

```
Bringing machine 'n1' up with 'virtualbox' provider...
==> n1: Importing base box 'ubuntu/trusty64'...
==> n1: Matching MAC address for NAT networking...
==> n1: Checking if box 'ubuntu/trusty64' is up to date...
==> n1: Setting the name of the VM: vagrant_slave_master_
```

```
n1_1422016178879_40938
==> n1: Clearing any previously set forwarded ports...
==> n1: Clearing any previously set network interfaces...
==> n1: Preparing network interfaces based on configuration...
    n1: Adapter 1: nat
    n1: Adapter 2: hostonly
==> n1: Forwarding ports...
    n1: 22 => 2222 (adapter 1)
==> n1: Booting VM...
==> n1: Waiting for machine to boot. This may take a few minutes...
...
```

如果不确定 VirtualBox 是否正确配置，可以通过在命令行中执行以下命令进行验证（在先前执行 vagrant up n1 的目录下）。

```
vagrant ssh n1
cd /opt/apache-jmeter-2.12/bin
./jmeter --version
```

这会显示在备用机上运行的 JMeter 的版本号。在这个实例中，你会看到如下日志，显示的版本是 Version 2.12 r1636949。

```
vagrant@trusty64:~$ cd /opt/apache-jmeter-2.12/bin

vagrant@trusty64:/opt/apache-jmeter-2.12/bin$ ./jmeter --version

log_file=jmeter.log java.io.FileNotFoundException: jmeter.log (Permission
denied)
[log_file-> System.out]
2015/01/23 12:36:31 INFO - jmeter.util.JMeterUtils: Setting Locale to
en_US
2015/01/23 12:36:31 INFO - jmeter.JMeter: Loading user properties from:
/opt/apache-jmeter-2.12/bin/user.properties

2015/01/23 12:36:31 INFO - jmeter.JMeter: Loading system properties
from: /opt/apache-jmeter-2.12/bin/system.properties

2015/01/23 12:36:31 INFO - jmeter.JMeter: Copyright (c) 1998-2014 The
Apache Software Foundation

2015/01/23 12:36:31 INFO - jmeter.JMeter: Version 2.12 r1636949
```

```
2015/01/23 12:36:31 INFO - jmeter.JMeter: java.version=1.7.0_65
2015/01/23 12:36:31 INFO - jmeter.JMeter: java.vm.name=OpenJDK 64-Bit
Server VM
2015/01/23 12:36:31 INFO - jmeter.JMeter: os.name=Linux
2015/01/23 12:36:31 INFO - jmeter.JMeter: os.arch=amd64
2015/01/23 12:36:31 INFO - jmeter.JMeter: os.version=3.13.0-44-generic
2015/01/23 12:36:31 INFO - jmeter.JMeter: file.encoding=UTF-8
2015/01/23 12:36:31 INFO - jmeter.JMeter: Default Locale=English (United
States)
2015/01/23 12:36:31 INFO - jmeter.JMeter: JMeter Locale=English (United
States)
2015/01/23 12:36:31 INFO - jmeter.JMeter: JMeterHome=/opt/apache-jmeter-
2.12
2015/01/23 12:36:31 INFO - jmeter.JMeter: user.dir =/opt/apache-jmeter-
2.12/bin
2015/01/23 12:36:31 INFO - jmeter.JMeter: PWD =/opt/apache-jmeter-
2.12/bin
2015/01/23 12:36:31 INFO - jmeter.JMeter: IP: 127.0.1.1 Name: trusty64
FullName: trusty64
Copyright (c) 1998-2014 The Apache Software Foundation
Version 2.12 r1636949
```

我们将 JMeter 安装在/opt/apache-jmeter-2.12 中，在本节的后面，我们会以这个路径作为 JMETER_HOME。

如果现在要在节点上启动 JMeter 服务器（进入 apache-jmeter-2.12/bin 目录，执行./jmeter-server），会出现如下错误。

```
vagrant@trusty64:/opt/apache-jmeter-2.12/bin$ ./jmeter-server

2015/01/23 12:40:50 INFO - jmeter.engine.RemoteJMeterEngineImpl:
Starting backing engine on 1099

2015/01/23 12:40:50 INFO - jmeter.engine.RemoteJMeterEngineImpl: Local
IP address=127.0.1.1

Server failed to start: java.rmi.RemoteException: Cannot start. trusty64
is a loopback address.

2015/01/23 12:40:50 ERROR - jmeter.JMeter: Giving up, as server failed
with: java.rmi.RemoteException: Cannot start. trusty64 is a loopback
Address.
```

这是因为服务器返回的 IP 地址 127.0.0.1 是一个回送地址。为了修复这个问题，我们需要找到给虚拟机分配的 IP 地址并编辑$JMETER_HOME/bin/jmeter-server 来添加这个 IP 地址。通过在命令行执行以下命令来获取新建虚拟机分配的 IP 地址。

```
ifconfig | grep inet
```

根据网络，我们关注的是包含 192.168.x.x 或 172.x.x.x 的行。对于这里的节点来说，分配的 IP 地址是 172.28.128.3。

```
inet addr:10.0.2.15 Bcast:10.0.2.255 Mask:255.255.255.0
        inet6 addr: fe80::a00:27ff:fe26:6cc6/64 Scope:Link
        inet addr:172.28.128.3 Bcast:172.28.128.255
Mask:255.255.255.0
        inet6 addr: fe80::a00:27ff:feda:ecbc/64 Scope:Link
        inet addr:127.0.0.1 Mask:255.0.0.0
        inet6 addr: ::1/128 Scope:Host
```

现在选择一个编辑器来编辑$JMETER_HOME/bin 目录下的 jmeter-server。因为 Vim 是我们刚创建的虚拟机自带的，所以用命令 vi 来编辑 jmeter-server 文件。找到以 RMI_HOST_DEF 开头的行，并添加如下内容。

```
RMI_HOST_DEF=-Djava.rmi.server.hostname=172.28.128.3
```

 一定要将这里的 172.28.128.3 替换成你的虚拟机所分配的 IP 地址。

保存文件（按 Esc 键，然后输入 ":wq"），这台机器就成为一个服务器了。在配置第二个节点之前，最好再验证一下。重新在机器上运行 JMETER_HOME/bin/jmeter-server。这次，这台机器应成功启动，控制台将输出如下信息。

```
Created remote object: UnicastServerRef [liveRef:
[endpoint:[192.168.1.27:46313](local),objID:[62a8e304:13da47c073a:-7fff,
-369620866826328728]]]
```

现在，这台机器已经在等待主节点的调用了。接下来，配置主节点来控制这台机器。

2. 配置主节点

既然我们已经配置好了一个从节点，就可以尝试配置一个主节点来进行连接并控制它。为了做到这一点，需要在主节点的配置文件中添加从节点的 IP 地址。

在主机（JMeter GUI 客户端运行的机器）上，执行如下步骤。

（1）打开 JMETER_HOME/bin/jmeter.properties。

（2）找到以 remote_hosts=127.0.0.1 开头的行，并把该行修改为 remote_hosts=172.28.128.3。

（3）修改 172.28.128.3，以匹配给虚拟机分配的 IP 地址。

（4）保存文件。

（5）运行 JMeter。

（6）在菜单栏中选择 **Run**，并从级联菜单中选择 **Remote Start→172.28.128.3**，如图 6-2 所示，这里，从节点的 IP 地址 172.28.128.3 应修改为给你的虚拟机分配的 IP 地址。

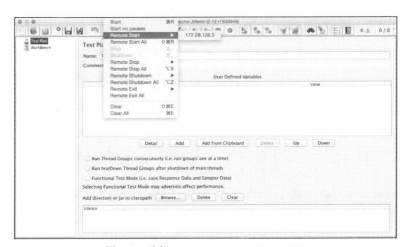

图 6-2　选择 Remote Start→172.28.128.3

单击从节点的 IP 地址，主节点将与 VirtualBox 上运行的远程服务器建立连接。你将在客户端和服务器上分别看到类似的日志。

在 JMeter GUI 客户端，控制台会显示如下内容。

```
Using remote object: UnicastRef [liveRef: [endpoint:[172.28.128.3:60883]
(remote),objID:[-7854a167:14b16e354ea:-7fff, 2799922095106363247]]]
```

在 JMeter 服务器端，控制台会显示如下内容。

```
Starting the test on host 172.28.128.3 @ Fri Jan 23 13:16:57 UTC 2015
(1422019017345)
```

```
Finished the test on host 172.28.128.3 @ Fri Jan 23 13:16:57 UTC 2015
(1422019017642)
```

恭喜你！我们现在已经从主节点控制了从节点。此刻我们就已经可以执行测试了，但是因为在本章中我们主要关注的是分布式测试，所以需要控制两个或更多节点。

重复以上步骤，配置 node_one，启动另外两个节点 node_two 和 node_three。分别运行 vagrant up n2 和 vagrant up n3 来启动第二台和第三台从机。机器启动好后，和启动 node_one 的操作一样，在主节点的 jmeter.properties 中添加分配的 IP 地址。

现在，JMeter GUI 客户端在 Run 菜单的级联菜单 Remote Start 下面应该有 3 个服务器 IP 地址，要么通过单击一个服务器 IP 地址启动单个服务器节点，要么通过选择 Run→Remote Start All（在 Mac 平台上按 Command+Shift+R 快捷键，在 Windows 平台上按 Ctrl+Shift+R 快捷键）同时启动已配置的从节点。在启动所有配置的节点服务器时，如果一切配置无误，每个服务器节点响应，应答和启动测试计划后，你将在主机的控制台上分别看到如下日志。

```
Using remote object: UnicastRef [liveRef: [endpoint:[ 172.28.128.3:60883]
(remote),objID:[49a18727:13da4a8a955:-7fff, -4630561463080329291]]]
```

```
Using remote object: UnicastRef [liveRef: [endpoint:[ 172.28.128.5:51200]
(remote),objID:[46a1e04c:13da4a79d3d:-7fff, -5213066472819797239]]]
```

```
Using remote object: UnicastRef [liveRef: [endpoint:[ 172.28.128.6:51791]
(remote),objID:[-1434b37d:13da4a85f8a:-7fff, -2658534524006849789]]]
```

从以上日志中可以看到，主节点与所有配置的从节点 172.28.128.3、172.28.128.5 和 172.28.128.5 都建立起了连接，现在可以选择一个待运行的测试计划并在主节点上收集结果了。

在这里的第一个测试中，我们运行了一个不需要输入数据的测试。根据提供的测试计划（参见 githubusercontent 网站），访问 Apple 的 iTunes 网站，并浏览了一部分音乐、电影和应用等。该测试没有数据项，也不需要任何输入数据。将测试计划载入主节点的 JMeter GUI 并启动所有的从节点。这个脚本将会在 30s 的时间内启动 150 个用户并执行两次迭代。因为我们通过 3 个从节点进行分布式测试，所以这里将会启动 450 个用户（每个节点 150 个）并且每秒钟启动 15（即 450/30）个用户。图 6-3 展示了在机器上产生的结果。这台机器是拥有四核 2.2GHz 处理器和 8GM RAM 的 MacBook Pro。根据机器的性能，结果可能相差很大，如图 6-3 所示。

Label	# Samples	Average	Median	90% Line	Min	Max	Error %	Throughput	KB/sec
Apple Home	900	1321	857	2554	518	7695	0.00%	8.6/sec	630.4
iTunes	900	1104	772	2083	542	5524	0.11%	8.6/sec	204.2
Featured	900	637	450	1321	336	5086	0.00%	8.9/sec	116.0
Songs	900	715	470	1676	329	12980	0.00%	8.0/sec	132.8
Albums	900	200	63	327	18	4607	0.00%	8.1/sec	108.5
TV Shows	900	672	436	1766	308	4895	0.00%	8.0/sec	132.1
Movies	900	214	56	317	18	12474	0.00%	8.1/sec	95.8
Movie Rentals	900	217	57	317	19	12429	0.00%	8.1/sec	102.0
Free Apps	900	267	61	428	16	12574	0.00%	8.1/sec	99.1
Paid Apps	900	322	62	832	17	4700	0.00%	8.1/sec	99.9
Music Videos	900	371	72	1014	17	12668	0.00%	8.2/sec	108.5
TOTAL	9900	549	341	1502	16	12980	0.01%	76.6/sec	1524.9

图 6-3　访问 Apple 的 iTunes 网站的分布式测试聚合报告

在该例子中，我们仍然在一台机器上运行了所有的虚拟从节点，所以资源仍然是受限的。也就是说，所有的从节点仍然共享了主机的资源。分配过多的负载可能导致主机性能恶化、响应时间变长。然而，你完全可以在其他的物理机器上运行提供的 Vagrant 脚本来模拟更多的负载，而不用担心资源受限。

第二个测试是在第 2 章中出现过的测试。要测试 Excilys 的银行应用系统，需要输入数据文件。在 JMeter 发送测试计划至从节点后，我们需要在所有从节点上获取输入文件来成功执行测试。为了做到这一点，我们需要执行如下操作。

（1）启动命令行，进入从节点的目录。

（2）通过以下命令启动虚拟机。

```
vagrant ssh
```

（3）通过以下命令进入 JMeter 的 bin 目录。

```
cd apache-jmeter-2.12/bin
```

（4）通过 wget 命令从 GitHub 获取 users2.txt 文件。

```
wget https://raw.github.com/berinle/vagrant-data/master/users2.txt
```

对 3 个节点重复以上操作。这用于将测试计划需要的 users.txt 文件放至从节点上的 JMeter 服务器能够访问到的地方。现在打开主服务器上的 JMeter GUI 客户端的测试计划（excilys-bank-scenario-2.jmx）。和之前一样，在菜单栏中选择 **Run→Remote Start All**。可以自由增加线程数和迭代次数，缩短启动所有线程的时间，但是注意别让服务器崩溃了。

3．在同一台机器上配置多个从节点

JMeter 允许在同一台机器上配置多个从节点，它们通过不同的 RMI 端口进行通信。在你的机器足够强大或没有额外的物理机器进行连接时就会用到该功能。如前所述，我们还使用 Vagrant 来配置一个虚拟机，并在它上面启动多个 JMeter 从节点。为了便于讲解，我们准备了一个 Vagrant 的 shell 脚本，和上一节看到的类似。这个脚本会为我们创建一个虚拟机，提供的端口包括 1099（标准的 JMeter RMI 端口）、1664 和 1665，并安装 3 个 JMeter 从节点，分别叫 jmeter-1、jmeter-2 和 jmeter-3。在启动服务器时，不同的从节点会使

用不同的端口。参考以下步骤。

（1）从 GitHub 网站下载、安装对应的包至你选择的目录。我们把这个目录称为 VAGRANT_EXTRACT。

（2）启动命令行，进入 VAGRANT_EXTRACT 目录。

（3）运行 `vagrant up`。

（4）如果出现提示，选择合适的网络进行连接。如果有无线网络，可以选择 en1:Wi-Fi。如果有以太网，可以选择 en0:Ethernet。

（5）等待 VirtualBox 完全构建结束。

（6）运行 `vagrant ssh`。

（7）运行 `cd /opt`。

（8）运行 `ls -l`。

现在，你可以在主机上看到 3 个从节点了，如下所示。

```
vagrant@trusty64:/opt$ ls -la
drwxr-xr-x 5  root     root 4096 Jan 23 14:42 .
drwxr-xr-x 23 root     root 4096 Jan 23 14:40 ..
drwxr-xr-x 8  vagrant root 4096 Jan 23 14:42 jmeter-1
drwxr-xr-x 8  vagrant root 4096 Jan 23 14:42 jmeter-2
drwxr-xr-x 8  vagrant root 4096 Jan 23 14:42 jmeter-3
```

剩下的一件事就是配置 JMETER_HOME/bin/jmeterserver 里的 RMI_HOST_DEF，就像之前为避免回送地址的错误所执行的操作一样。在虚拟机的命令行里运行如下命令。

```
ifconfig | grep inet
```

这将返回给你这个虚拟机分配的 IP 地址。

编辑 jmeter-server 脚本来添加虚拟机 IP 地址，参考如下步骤。

（1）运行 `vi /opt/jmeter-1/bin/jmeter-server`。

（2）找到以#RMI_HOST_DEF 开头的那一行，用 RMI_HOST_DEF=-Djava.rmi.server.hostname=172.28.128.3 替换掉它（用你的虚拟机的 IP 地址替换掉 172.28.128.3）。

（3）保存并关闭文件（按 Esc 键，输入 ":wq"）。

（4）对其他两个从节点（jmeter-2 和 jmeter-3）重复如上步骤。

现在就可以启动从节点了，剩下唯一要做的是在我们已经配置好的 RMI 端口（1099、1664 和 1665）上分别启动它们。

执行如下步骤，在一个新的 shell/控制台窗口中启动 jmeter-1 从节点。

（1）通过以下命令进入 VAGRANT_EXTRACT 目录。

```
cd VAGRANT_EXTRACT
```

（2）通过以下命令启动虚拟机。

```
vagrant ssh
```

（3）通过以下命令在默认端口 1099 上启动 JMeter 服务器。

```
cd /opt/jmeter-1 && ./bin/jmeter-server
```

执行如下步骤，在一个新的 shell/控制台窗口中启动 jmeter-2 从节点。

（1）通过以下命令进入 VAGRANT_EXTRACT 目录。

```
cd VAGRANT_EXTRACT
```

（2）通过以下命令启动虚拟机。

```
vagrant ssh
```

（3）通过以下命令在默认端口 1664 上启动 JMeter 服务器。

```
cd /opt/jmeter-2 && SERVER_PORT=1664 ./bin/jmeter-server
```

执行如下步骤，在一个新的 shell/控制台窗口中启动 jmeter-3 从节点。

（1）通过以下命令进入 VAGRANT_EXTRACT 目录。

```
cd VAGRANT_EXTRACT
```

（2）通过以下命令启动虚拟机。

```
vagrant ssh
```

（3）通过以下命令在默认端口 1665 上启动 JMeter 服务器。

```
cd /opt/jmeter-3 && SERVER_PORT=1665./bin/jmeter-server
```

4．配置主节点

从节点配置好后，在远程执行测试前，我们需要配置好主节点以便和从节点进行通信。为了做到这一点，我们需要在主节点的配置文件中添加从节点的 IP 地址和端口。

在主机器（JMeter GUI 客户端运行的机器）上，执行如下操作。

（1）打开 JMETER_HOME/bin/jmeter.properties。

（2）找到以 remote_hosts=127.0.0.1 开头的那一行，然后修改为 remote_hosts=172.28.128.3:1099,172.28.128.3:1664,172.28.128.3:1665。注意，172.28.128.3 应该修改为你的虚拟机 IP 地址。

（3）保存文件（按 Esc 键，输入 “:wq”）。

（4）运行 JMeter。

（5）在菜单栏中，选择 **Run→Remote Start→Slave IP address**（Slave IP address 就是给你的虚拟机分配的 IP 地址）。

在执行完这些操作后，可以按照之前的操作启动测试。唯一的区别是所有从节点都配置在一台虚拟主机上。在主机的 JMeter GUI 客户端中开始测试计划 browse-apple-itunes.jmx。将线程数从 150 修改为 15，然后在所有远程节点上启动测试。测试将在一段时间内全部执行完（要有耐心）。如果你将这次的执行结果和之前在不同的虚拟机上执行得到的结果进行比较，你会发现响应时间明显增加。图 6-4 所示为这次运行测试得到的聚合报告。

Label	# Samples	Average	Median	90% Line	Min	Max	Error %	Throughput	KB/sec
Apple Home	90	2519	1857	3170	564	16798	0.00%	41.3/min	50.4
iTunes	90	2365	1814	3899	611	9138	0.00%	43.8/min	17.5
Featured	90	1333	1083	2203	329	9340	0.00%	45.9/min	10.0
Songs	90	1948	1285	2880	320	18510	0.00%	46.7/min	13.0
Albums	90	570	473	1211	20	1674	0.00%	47.6/min	11.2
TV Shows	90	1243	1116	2120	322	3445	0.00%	47.7/min	13.5
Movies	90	600	471	1214	19	5291	0.00%	48.5/min	9.6
Movie Rentals	90	521	474	1088	22	1655	0.00%	48.9/min	9.7
Free Apps	90	696	409	1113	20	15982	0.00%	49.2/min	10.1
Paid Apps	90	604	315	1089	23	12594	0.00%	49.6/min	10.1
Music Videos	90	497	375	1126	19	1537	0.00%	50.1/min	11.1
TOTAL	990	1172	818	2268	19	18510	0.00%	7.0/sec	140.7

图 6-4 访问 Apple 的 iTunes 的分布式测试 2 的聚合报告

相比上次的测试，尽管这次测试中的用户数（15）相比上次的用户数（150）大大减少，但是 **90%Line** 这一列的响应时间更长。从这些结果中我们可以得出一个结论，通常不要选择在一台机器上配置多个从节点，这不应该作为第一选择。根据使用的机器的性能，结果相差非常大。

6.2 使用云进行分布式测试

目前为止，我们已经学习了如何用多台物理机或虚拟机来分担比单台机器能提供的更大的负载。但是目前我们的设置都依赖于网络，使用的是主/从的配置。有时，它可以帮助你隔离 LAN 上出现的人工瓶颈，并在你的网络之外的更多真实地点运行测试。依赖于各种云服务提供商，我们可以以很小的成本使用大型硬件，这是好处之一。另一个值得考虑的部分是我们目前所采用的主/从设置。

当只配置小部分节点时，一切都正常运转，但是当加入更多节点后，主节点会遇到巨大瓶颈。这不足为奇，因为更多的从节点需要不间断地向主节点发送测试结果，这会大大增加 I/O 和网络操作。更高效的方法是分别在非 GUI 模式下独立运行测试，保存结果，只在测试的末尾才从所有从节点上收集累计结果。当然，这里的挑战是在所有节点上协调所有测试的执行并分别收集测试结果。这可能会有让人畏惧，更不用说花费的时间了。幸好，我们可以使用功能齐全的环境配置工具来解决这个问题。我们用它来启动 Amazon Web Service（AWS）上的服务器实例，配置 Java 运行环境（JRE）、JMeter，并上传测试脚本至云虚拟机。亚马逊有许多非常出色的云服务，根据你的选择可以非常容易地运行所在公司的所有基础设施。可从 Amazon 网站获取更多详细信息。

待测应用从公司外部网络连接，这里描述的方法应该正好符合你的需求。

第一步是注册一个 AWS 账号（如果你还没有的话）。可以访问 Amazon 网站并单击 Sign up 按钮。一旦注册成功，你会获得你的登录凭证、密钥，以及用于验证在 AWS 上创建的机器的密钥对。

6.2.1 获取登录凭证、密钥和密钥对

为了获得第 5 章中提到的 AWS 登录凭证，需要执行以下操作。

（1）如果你没有 AWS 账号，创建一个免费的 AWS 账号，访问 Amazon 网站，然后单击 **Sign up** 按钮或 **Create a Free Account** 按钮。

（2）账号创建之后，进入 Amazon 网站的 IAM 控制台。

（3）单击工具栏的 **Users** 链接。

（4）选中你的 IAM 用户名，并选择 **User Action→Manage Access Keys**。

● 如果你还没有 IAM 账号，单击 **Create New Users** 按钮并参考屏幕上的提示创建一个新的账号。

● 查看新建用户的登录密钥 ID 和密钥并下载。

（5）单击 **Create Access Key** 按钮。可以生成一个新的密钥/密钥对并下载。

（6）单击 **Download Credentials** 按钮（见图 6-5）。

（7）将文件下载至安全的地方，后续访问你启动的实例时会用到。

（8）开始在云上启动一些实例。

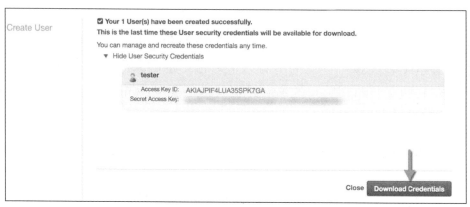

图 6-5　下载 ASW 凭证

AWS 是一个付费服务，运行你启动的实例要按小时支付费用。在本书写作的时候，本节中我们用到的实例每小时大概花费 0.1 美元，相比节约的成本，费用不算高。重复几次，配置多个实例。

我们准备了如之前章节所示的基于 Puppet 的 Vagrant 脚本。这次唯一的区别是我们不设置局域网内的虚拟机，而使用 AWS。为了运行这段脚本，需要安装 Vagrant AWS 插件。为此，从命令行运行如下命令。

```
vagrant plugin install vagrant-aws
```

该行命令用于告诉Vagrant AWS如何与AWS上的机器连接。现在显然可以参考之前在本地处理VirtualBox的方式，启动亚马逊基础设施上的虚拟机了。

运行 vagrant plugin install 命令的前提是假设你已经在执行这条命令的机器上安装了 Vagrant。如果你还没安装，可以从 vagrantup 网站获取安装包并直接安装。

6.2.2　启动 AWS 实例

Vagrant AWS 插件安装完成后，要执行如下步骤。

（1）从 GitHub 网站下载准备好的 Vagrant 包。

（2）把 Vagrant 包提取至你选择的目录。我们将这个目录称为 INSTANCE_HOME。

（3）用选择的编辑器打开$INSTANCE_HOME/Vagrant 文件，填写如下项。

```
aws.secret_access_key = "YOUR AWS SECRET KEY"
aws.keypair_name= "YOUR KEYPAIR NAME"
aws.ssh_private_key_path = "PATH TO YOUR PRIVATE KEY"
aws.region = "YOUR AWS REGION"
```

（这些值是在 6.2.1 节中生成的。）

（4）保存你的修改。

（5）通过以下命令，进入 INSTANCE_HOME 目录。

```
cd $INSTANCE_HOME
```

（6）通过以下命令启动 AWS 上的第一个虚拟机。

```
vagrant up vm1 --provider=aws
```

（7）等待执行结束。你会在控制台看到如下输出，根据网络延时、网络速度以及与 AWS 和外部的通信，整个执行过程可能花费 1～2min。

```
Bringing machine 'vm1' up with 'aws' provider...
```

```
[vm1] Warning! The AWS provider doesn't support any of the Vagrant
high-level network configurations ('config.vm.network'). They
will be silently ignored.
[vm1] Launching an instance with the following settings...
[vm1] -- Type: m1.small
[vm1] -- AMI: ami-7747d01e
[vm1] -- Region: us-east-1
[vm1] -- SSH Port: 22
[vm1] -- Keypair: book-test
[vm1] Waiting for instance to become "ready"...
[vm1] Waiting for SSH to become available...
[vm1] Machine is booted and ready for use!
…
notice: /Stage[main]/Java::Package_debian/Package[java]/ensure:
ensure changed 'purged' to 'present'

notice: Finished catalog run in 113.17 seconds
```

（8）通过以下命令检查你是否可以接入虚拟机，以及 JMeter 是否成功安装在机器上。

```
vagrant ssh vm1
```

运行以下命令将返回一个 testplans 目录。

```
ls -l
```

运行以下命令将返回包含 JMeter 的一些目录。

```
ls -l /usr/local/
```

现在我们的第 1 台虚拟机已经启动并运行，接下来准备运行我们的测试计划。

启动另外 3 个控制台/shell 窗口和对应的 3 台虚拟机。要启动第 2 台虚拟机（vm2）、第 3 台虚拟机（vm3）和第 4 台虚拟机（vm4），可以在每一个新的 shell 窗口中执行如下命令。

```
vagrant up vm2 --provider=aws
```

```
vagrant up vm3 --provider=aws
vagrant up vm4 --provider=aws
```

参考验证第 1 台虚拟机的步骤，验证每一台虚拟机是否正常启动。所有虚拟机运行之后，可以准备执行测试计划了。

6.2.3 执行测试计划

这里不使用主/从配置（原因同前），因此我们尽可能同时执行 4 台虚拟机。

在虚拟机上执行如下命令来执行测试计划。

在 vm1 上，在控制台中输入（或复制）如下命令。

```
/usr/local/jmeter/bin/jmeter -n -t testplans/browse-apple-itunes.jmx -l
vm1-out.csv
```

在 vm2 上，在控制台中输入（或复制）如下命令。

```
/usr/local/jmeter/bin/jmeter -n -t testplans/browse-apple-itunes.jmx -l
vm2-out.csv
```

在 vm3 上，在控制台中输入（或复制）如下命令。

```
/usr/local/jmeter/bin/jmeter -n -t testplans/browse-apple-itunes.jmx -l
vm3-out.csv
```

在vm4上，在控制台中输入（或复制）如下命令。

```
/usr/local/jmeter/bin/jmeter -n -t testplans/browse-apple-itunes.jmx -l
vm4-out.csv
```

这将会以非 GUI 模式启动 JMeter 并执行 browse-apple-itunes.jmx 测试计划。每一台机器都会将模拟的结果输出至 CSV 文件。此外，vm1 会输出 vm1-out.csv，vm2 输出 vm2-out.csv，依次类推。

既然所有的控制台都准备就绪，就在每一个控制台中按 Enter 键，在每台虚拟机上执行测试计划。你应该会在每一个控制台看到下面的日志。

```
Created the tree successfully using testplans/browse-apple-itunes.jmx

Starting the test @ Fri Jan 23 20:49:38 UTC 2015 (1365108578406)

Waiting for possible shutdown message on port 4445

Generate Summary Results +    3592 in    82s =   43.9/s Avg:   1030 Min:
4 Max: 7299 Err:       0 (0.00%) Active: 208 Started: 300 Finished: 92

Generate Summary Results +    3008 in    55s =   54.8/s Avg:    541 Min:
4 Max: 6508 Err:       0 (0.00%) Active: 0 Started: 300 Finished: 300

Generate Summary Results =    6600 in    114s =   57.7/s Avg:    807 Min:
4 Max: 7299 Err:       0 (0.00%)

Tidying up ...        @ Fri Jan 23 20:51:34 UTC 2013 (1365108694177)

... end of run
```

最后一行（... end of run）表明这个节点的测试已结束并且测试结果可查看了。可以通过 ls -l 列出展示当前目录的内容来确认已经生成了结果文件。你将看到 vm*X*-out.csv 格式的输出（*X* 代表所在的节点。在该例子中，分别是 1、2、3 和 4）。

6.2.4　查看虚拟机上的结果

为了查看测试结果，我们需要从每一台虚拟主机上获取结果文件，并组合成一份完整的文件。最后我们可以使用 JMeter GUI 客户端查看最终生成的文件。为了获取这些文件，可以选择 SFTP 工具。如果你使用的是 UNIX 系列的机器，可以直接使用 scp 命令行，也是这里用到的。为了执行这个命令，需要用到我们要连接的主机的名字。为了得到这个名字，在第一台虚拟机的控制台中输入 exit 命令。

你将看到如下信息。

```
ubuntu@ip-10-190-237-149:~$ exit
logout
```

```
Connection to ec2-23-23-1-249.compute-1.amazonaws.com closed.
```

ec2-xxxxxx.compute-1.amazonaws.com 就表示主机的名称。现在可以用keypair 文件来连接虚拟机并获取结果文件了。在控制台中输入如下命令。

```
scp -i [PATH TO YOUR KEYPAIR FILE] ubuntu@[HOSTNAME]:"*.csv" [DESTINATION
DIRECTORY ON LOCAL MACHINE]
```

以上的例子表明，在虚拟机中，keypair 文件叫 book-test.pem，存储在主目录下的.ec2 目录中，并且我们将结果文件存放在/tmpdirectory 目录中。因此，运行如下命令。

```
scp -i ~/.ec2/book-test.pem ubuntu@ec2-23-23-1-249.compute-1.amazonaws.
com:"*.csv" /tmp
```

这将把 AWS 实例上的所有.csv 文件传输至本地机器的/tmp 目录。

在剩余 3 台虚拟机上重复执行以上命令。

> 每一台虚拟机需要使用正确的主机名。

从虚拟机上传输所有的结果文件后，可以像之前那样终止所有的实例。

> AWS 是一个付费服务，对每个实例按小时收费。如果处理完，记得关闭实例以避免不必要的费用。

或者使用 vagrant destroy[VM ALIAS NAME]（vagrant destroy vm1 将会关闭名为 vm1 的虚拟机）来分别关闭每一台虚拟机，或者使用 vagrant destroy来关闭所有运行的实例。

> 可以通过 vagrant status 命令或 AWS 的 Web 控制台（参见 Amazon 网站）来验证实例的状态。

所有主机的结果文件已经传输到本地之后，我们需要将它们组合成一份包含所有主机响应时间的聚合报告。可以使用任何可以处理 CSV 文件格式的编辑器。基本上，你需要打开一个文件（如 vm1-out.csv）并追加其他文件（如 vm2-out.csv、vm3-out.csv 和 vm4-out.csv）的文件内容。此外，这也可以通过命令行完成。对于 UNIX 系列的机器，可以使用 cat 命令。启动命令行，进入传输结果文件的目录，然后在控制台中执行如下命令。

```
cat vm1-out.csv vm2-out.csv vm3-out.csv vm4-out.csv >> merged-out.csv
```

> 以上假设你参考了本节的其他内容并将你的结果文件分别命名为 vm1-out.csv、vm2-out.csv、vm3-out.csv、vm4-out.csv。

这个命令最后会生成一个名为 merged-out.csv 的文件，可以在 JMeter GUI 客户端打开这个文件。执行如下步骤操作。

（1）运行 **JMeter** GUI。

（2）右击 **Test Plan**，选择 **Add→Listener→Summary Report**，添加一个 Summary Report 监听器。

（3）单击 **Summary Report**。

（4）单击 **Browse** 按钮。

（5）选中 **merged-out.csv** 文件。

这里的测试计划启动了 300 个用户并运行了两次迭代，每一个节点产生了 600 个样本。因为这里通过 4 个节点执行，所以共得到 2400 个样本，正如我们在图 6-6 中的 Summary Report 监听器中所看到的。

Summary Report

Name: Summary Report

Comments:

Write results to file / Read from file

Filename: /Users/berinle/tmp/merged-out.csv [Browse...]   Log/Display Only: ☐ Errors ☐ Successes   [Configure]

Label	# Samples	Average	Min	Max	Std. Dev.	Error %	Throughput	KB/sec	Avg. Bytes
Apple Home	2400	3357	413	16013	1931.38	0.00%	17.0/sec	1244.04	75083.5
iTunes	2400	2996	604	10933	1695.84	0.00%	19.1/sec	457.05	24451.0
Featured	2400	1878	315	9489	1397.97	0.00%	19.2/sec	256.21	13648.4
Songs	2400	1675	295	8861	1207.71	0.00%	19.2/sec	325.76	17338.4
Albums	2400	359	4	6248	590.50	0.00%	19.3/sec	261.36	13889.0
TV Shows	2400	1612	287	7565	1219.42	0.00%	19.3/sec	293.01	15569.9
Movies	2400	333	4	9763	608.44	0.00%	19.4/sec	227.19	11978.0
Movie Rentals	2400	392	4	4005	636.43	0.00%	19.5/sec	225.84	11845.0
Free Apps	2400	397	4	5208	665.48	0.00%	19.6/sec	241.07	12586.0
Paid Apps	2400	392	4	6760	671.94	0.00%	19.6/sec	243.28	12676.8
Music Videos	2400	371	4	4613	606.73	0.00%	19.7/sec	277.73	14419.5
TOTAL	26400	1251	4	16013	1557.90	0.00%	172.4/sec	3421.14	20316.9

图 6-6 Summary Report 监听器

我们也看到最长响应时间不算太长。每一个节点上都没有报告错误，吞吐量也正常。在我们使用 AWS 小实例的情况下没有比较糟糕的数据。通过 AWS 可以启动更多运行测试计划的节点或使用高性能的机器来为应用或 Web 服务器增加更多负载。在这里尽管我们为了演示只使用了 4 台虚拟机，但是根据测试计划，完全可以扩展到上百台机器。一旦你为测试计划扩展越来越多的服务器，在所有节点上同时启动测试计划的难度会变得越来越大。

在本书写作的时候，我们还发现了另外一个可以降低多个 AWS 节点或局域网中多台机器配置难度的工具——jmeter-ec2。这个工具可以帮我们启动 AWS 实例，安装 JMeter，在多个实例上执行分布式测试计划，并从所有主机上获取所有测试结果，在控制台上你将看到实时的聚合信息。在测试结束后，jmeter-ec 会终止所有启动的 AWS 实例。关于 jmeter-ec2 的介绍，这里不够详细，更多内容请参考 GibHub 网站。此外，在网络上一些服务是帮助执行分布式测试的。这类服务中的两个是 Flood.io 和 BlazeMeter。接下来几节将介绍这两个非常不错的云服务。

6.3　使用云服务

之前的章节已经介绍了如果你自己有意愿或为了克服某些限制，如何搭建你自己的分布式测试基础架构。本节将讨论如何利用已有的云分布式测试服务来简化总体配置和满足测试需求。这将使测试的速度更快，效率更高。这里谈到的两个服务（Flood.io 和 BlazeMeter）分别使用了不同的方法来解决这个问题，但是最终你会得到同样的结果。

6.3.1　使用 Flood.io

Flood.io 是立足于简化配置和维护基于云的负载和性能测试基础设施的服务。可以在 Flood 网站找到这个项目。通过 Flood.io 可以向服务上传一个已经录制的测试脚本，然后由 Flood.io 负责剩下的工作，只要确保测试是在多台机器上分布式执行的，最后就会显示一份包含重要结果和数据且具有精心设计的 UI 的报告，在测试过程中实时展现。

Flood.io 是一个付费的服务，但是可以在 Flood 网站注册一个免费的账户并参考这里的例子。免费的用户账号允许每月使用 1 小时，允许测试最长执行 5 分钟。这可以让你体验一下云服务的美妙之处。

 可以从 GitHub 网站下载本书的完整示例代码。在 chap6 目录下你会发现本节所需要的文件。

接下来，我们通过一个预录制的测试脚本（chap6/railway.jmx）说明如何在云服务器上运行测试。

（1）在 Flood 网站上注册一个免费的账号。

（2）登录你的账号。

（3）登录后，单击 **Create Flood** 按钮。

（4）将测试所需的模拟文件（railway.jmx）拖放至 **Upload Files** 框中。

（5）将测试所需的辅助数据文件（cars.txt、trains.txt 和 stations.txt）也拖放至 **Upload Files** 框中。

（6）在 **Name** 文本框中，可以选择为 flood 指定一个名字。

（7）在 **Grids** 下拉列表中，在 free 栏中选中唯一可用的网格。

（8）可以分别在每个框中选择输入线程数、启动时间以及运行时间，但是在该例子中，可以不设置这些参数。

（9）单击 **Start Flood** 按钮。

在单击的一瞬间，测试（Flood.io 把它叫作洪水）就会执行，并且一旦测试拥有用于展示具体报告的大量信息时，实时结果就会展示在屏幕上。图 6-7 是在 Flood.io 上执行测试的结果。

除了为分布式测试提供更简单的设置之外，Flood.io 还有一些非常有用的特性。

● 允许轻松地模拟各种网络拓扑结构，如移动、宽频等。

● 允许在测试计划中重写 JMeter 参数。

● 允许在测试计划中重写 URL 参数。

● 允许定时执行测试计划。

● 提供了一个 ruby gem，允许使用领域特定语言（Domain Specific Language，DSL）来编写测试计划。

● 不需要打开浏览器，就可以在它的云基础设施上运行测试。

总体来说，如果预算允许，Flood.io 是可以考虑的一款非常不错的云测试服务。下一节将介绍另一款出色的云测试服务——BlazeMeter。

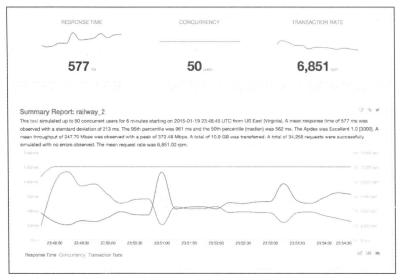

图 6-7　在 Flood.io 上执行测试的结果

6.3.2　使用 BlazeMeter

BlazeMeter 是一款云测试服务，它把自己定义为负载测试云。BlazeMeter 致力于即时启动和运行分布式测试。基于 BlazeMeter 的平台允许你在非常大且真实的压力下测试与监控移动和 Web 应用程序，并且提供了非常有用的数据和报告。BlazeMeter 也是付费服务，但是在本节中我们会使用它提供的免费账号。免费账号允许你模拟最多 50 个用户，最长 1 小时，这可以让你体验一下这项服务。

在 GitHub 网站可以下载本书的完整示例代码。在 chap6 目录下你会找到本节中需要的文件。

我们直接使用在之前的练习中用到的相同的示例。

（1）在 BlazeMeter 网站上注册一个免费的账号。

（2）登录你的账号。

（3）登录后，单击顶部导航栏的 **Add Test** 按钮。

（4）在 **Test Name** 文本框中输入测试的名字。

（5）在 **Load Origin location** 下拉列表中，可以选择切换到不同的地区，但是 BlazeMeter 会自动根据你的实际地理位置默认选择最近的地区。

（6）单击 **Upload Files** 按钮，上传测试所需的模拟文件（railway.jmx）和所需的辅助数据文件（cars.txt、trains.txt 和 stations.txt）。

（7）根据需要，移动滑块，将启动时间由默认的 300s 调整为 10s。

（8）根据需要，移动滑块，将测试时间由默认的 50min 调整为 10min。

（9）在 **JMeter Version** 下拉列表中，选择 **2.12 BlazeMeter**。

（10）对于其他选项，保持默认值。

（11）单击 **Save** 按钮。

（12）保存后，BlazeMeter 会显示测试设置的预览效果，可以根据需要进行其他的修改。

（13）确认之后，单击 Start 按钮开始运行测试。

（14）弹出另外一个对话框，告诉你测试将在 1 小时后终止，要求你确认你有权执行测试。单击 **Launch Server** 按钮。

（15）测试会开始执行，实时报告可以通过单击顶部导航栏的 **Report** 选项卡查看。此外，测试结束后会给你发送一封邮件。

实时图表根据测试会展示不同的指标数据，包括活跃和最大用户数、响应时间、延迟、每秒单击次数、每秒吞吐量（KB/s）、错误数等。如图 6-8 所示，在 LOAD RESULT 选项卡中，你也会看到测试结果的表视图（和你在 Aggregate Report 监听器中看到的类似）。

在 **WATERFALL** 选项卡中，可以看到另外一个分析测试结果的指标数据的视图。其中包括页面加载和每一个请求的详细分解以及所花的时间。

图 6-8　LOAD RESULTS 选项卡

在 **MONITORING** 选项卡中，当测试执行时你将得到一个关于系统指标的视图。其中包括 CPU、内存、网络 I/O，以及连接数等。这些分析指标都非常有用，可以帮助你发现和确定被测应用程序的性能瓶颈。最后一个选项卡——Logs 展示了用于执行测试的机器的公共 IP 地址，通过该 IP 地址还可以访问测试执行过程中产生的日志，这些日志可以下载下来做进一步分析。

这里提到的测试可以在 BlazeMeter 网站找到。

此外，BlazeMeter 还提供了其他一些有用的特性，如下所示。

- 允许轻松地模拟各种网络拓扑结构，如移动、宽频等。

- 允许在测试计划中重写 JMeter 参数。

- 允许在测试计划中重写 URL 参数。

- 允许定时执行测试计划。

- 和 New Relic 的集成允许在测试运行过程中时刻关注应用的指标数据。

- 如果被测应用程序存放在亚马逊的 AWS CloudWatch 上，和它的集成允许在 AWS 上监控资源。

- 通过 Selenium 监控用户体验。

如果预算允许，BlazeMeter 是另一款值得考虑的云测试服务。

目前为止我们已经了解了如何通过 JMeter 进行分布式测试。尽管这里使用的测试计划没有输入测试数据，但是你可以自己添加输入。此外，在其他章学到的方法在这里也是通用的。不使用主/从配置使我们避开了那种方法的缺陷。这些缺陷包括如下几个。

- 由于大量从节点写入数据至主节点造成的网络饱和。

- RMI 无法脱离代理跨越子网，因此要强制主节点和从节点在同一个子网段中。

- 根据主节点的资源情况（CPU 和内存），很少一部分从节点的报告就很容易使主节点的服务器崩溃。

6.4　本章小结

本章介绍了一些基础知识。本章讨论了在执行测试计划时如何用各种方法来分配负载，讲述了在主/从模式下 JMeter 如何工作。使用 Vagrant 工具，可以简化工作。本章介绍了如何在同一台物理机（或不同的虚拟机）上启动多个从节点服务器，并且通过 JMeter GUI 用一个主节点来控制它们。这种方法虽然方便，但是可伸缩性不强。在从节点的数量增长时，因为大量从节点需要往主节点写数据，主节点很容易由于高 I/O 遇到性能瓶颈。为了突破这种限制，真正实现可伸缩性，本章讨论了如何同时在多台测试机器上执行测试计划。在这个过程中，我们使用了 AWS 的基础设置，了解了如果使用云来使测试更高效以及帮助我们达成目标。

最后一节介绍了两种非常出色的云服务——Flood.io 和 BlazeMeter，讨论了它们是如何解决分布式测试中的问题的，以及它们在测试和监控方面一些非常有用的功能。

下一章将介绍在 JMeter 使用过程中一些非常有用的小贴士，例如，JMeter 属性和变量，JMeter 函数和正则表达式测试器等。

第 7 章
一些有用的小贴士

目前，你已经熟悉了 JMeter 的内部工作原理，并且能够熟练使用 JMeter 来满足你的大部分测试需求了。本章介绍一些非常有用的小贴士，它们可以帮助你更高效地使用 JMeter，提高测试效率。这是我们这么多年来学习到的方法，在我们遇到的大部分环境中是非常有用的。

7.1 JMeter 属性和变量

JMeter 属性通过 jmeter.properties 文件定义（在 $JMETER_HOME/bin 目录下），是全局特性，用于定义一些默认的 JMeter 用法。前一章提到的 remote_hosts 属性是一个非常好的例子。属性可以在测试计划内部指定，但是因为它们的全局特性（被所有线程共享）无法用于线程指定的值。

与 JMeter 属性不同的是，JMeter 变量则属于每个线程。不同线程间的变量值可以一样，也可以不一样。如果一个变量被一个线程更新，只有这个变量的线程副本变化了，因此其他运行中的线程是无法访问这个变量的。一个比较好的例子是我们在之前的章节中用到的正则表达式提取器。提取出的值仅用于正在运行的线程的样本的上下文中。提取的变量是用户定义的，且在启动时可用于整个测试计划。如果多个用户定义的变量元素定义了相同的变量，以最后一个为准。

　　JMeter 属性和变量看起来都比较简单，但是使用 JMeter 变量往往可以节约不少时间，比如，当从一个环境切换到另外一个环境时，如果这两套环境的架构类似，可以使用相同的录制脚本，而不用切换环境就重新设计脚本。例如，针对用户验收测试（User Acceptance Test，UAT）环境录制的测试脚本也可以在生产环境中运行。当然，前提是两套环境在架构上相似。为了达到这个目标，或者在测试计划根级上定义用户定义变量（User Defined Variable，UDV），或者替换 HTTP 请求取样器私有的 URL。例如，可以在测试计划的根级上定义 UDV，如表 7-1 所示。

表 7-1　　　　　　　　　　　　　在测试计划的根级上定义的 UDV

app_url	${__P(app_url, fastcompany 网站的一个 URL)}
sso_url	${__P(sso_url, fastcompany 网站的另一个 URL)}
threads	${__P(threads, 10)}
loops	${__P(loops, 30)}

　　通过这个配置，定义了app_url、sso_url、threads和loops的默认值，也可以通过如下命令行来重写它们。

```
jmeter...-Japp_url= fastcompany 网站的一个 URL Jsso_url= fastcompany
```

　　这将使测试计划中的变量 app_url 设置为 fastcompany 网站的一个 URL，sso_url 设置为 fastcompany 网站的另一个 URL，loops 设置为值 15。因为 threads 没有重写，所以它会继续使用值 10（默认情况下）。在多个环境下开发测试计划时，通过这个特性可以节约很多时间，只需要录制一次，使用相同的脚本就能运行在多个环境下。例如，如果一个环境还没准备好，但是另外一个类似的环境下的脚本已经开发完，这个特性就非常有用。一旦环境可用，相同的脚本就可以在新的测试环境下运行而不需要重新录制了。

　　本书提供了一个示例（excilys-bank-scenario-3.jmx）。这是在第 2 章中我们看到的银行应用的样本测试计划。它部署在两个不同的云提供商——OpenShift 和 AppFog 上。该示例默认在 AppFog 上运行。如果需要在

OpenShift 上运行，就需要在启动 JMeter 时通过如下命令重写 hostname 变量。

```
jmeter -Jhostname=excilysbank-berinle.rhcloud.com
```

7.2 JMeter 函数

JMeter 函数是一种可以填充字段或被任何取样器或测试计划中其他元件引用的特殊变量。JMeter 函数通常使用如下格式。

```
${__functionName(var1,var2,var3)}
```

在这里，__functionName 匹配 JMeter 提供的任何函数名。发送给函数的圆括号里的参数，可以跨函数。没有参数的函数不需要圆括号。例如 ${__threadNum}。在 JMeter 的网站可以找到一些可用的函数。所有函数主要分为 7 类，以下是一些例子。

- 信息类：包括 threadNum、machineIP、time 等。

- 输入类：包括 CSVRead、XPath 等。

- 计算类：包括 counter、Random、UUID 等。

- 脚本类：包括 javaScript、BeanShell 等。

- 属性类：包括 property、P、setProperty 等。

- 变量类：包括 split、eval 等。

- 字符串：包括 char、unescape 等。

函数在某些情况下非常有用，它允许在运行时基于上一步的响应数据计算新的值，例如，根据函数所在的线程、时间以及其他的一些资源计算新的值。在测试执行过程中，函数的值会根据每一个请求不断变化。根据特定函数被调用的地点，也存在一些限制。因为 JMeter 线程变量在函数执行时不会完全初始化，所以作为参数传递变量名不会创建变量。这会导致相关变量无效。

测试计划中的线程间共享函数。每一个函数调用都由一个独立的函数实例处理。

7.3 正则表达式测试器

在本书中的部分测试场景中，我们已经了解了正则表达式提取器。这部分元件允许你使用一个 Perl 格式的正则表达式从服务器响应中提取值。作为一个后置处理器，正则表达式提取器在每一个样本请求之后，仅在它的作用域内执行（使用正则表达式），提取请求的值（生成模板字符串），最后把结果存储在一个给定的变量中，用于测试计划中后续的步骤。为了充分利用正则表达式，你需要熟悉正则表达式的用法。许多在线资源可以帮助你，但是可以从 regular-expressions 网站开始。RegExp Tester 视图是可以从 View Results Tree 监听器下拉目录中选择的选项之一，如图 7-1 所示。可以根据每个取样器上服务器的响应测试各种正则表达式。当你想基于正在运行的线程提取一个或一组动态变化的变量时，你可以灵活地测试并调整你的正则表达式，直到你找到符合要求的结果。若没有正则表达式测试器，你可能需要花费大量的时间才能找到匹配的表达式，你还可能因为表达式不正确需要多次重新运行测试计划，并希望它正确。

在之前的章节中，我们访问了 iTune 商城的测试计划，我们希望从 /itunes/charts 取样器的 HTML 响应中提取出 class 元素。在测试运行后，我们就可以使用 RegExp Tester 视图去找到正确的正则表达式。根据需求，表达式是 li class="([^"]*).*，它将匹配图 7-1 所示窗口下半部列出的 22 个元素。然后可以将它复制到/itunes/charts 取样器下的正则表达式提取器中，并将结果存储到一个变量中，用于测试计划中后续的步骤。

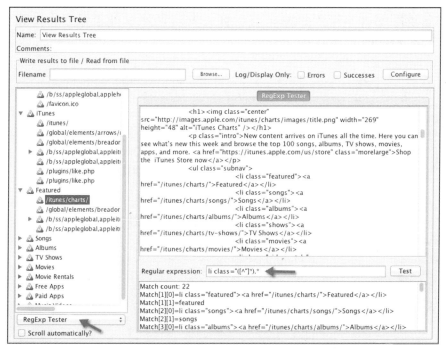

图 7-1　用正则表达式匹配元素

7.4　调试取样器

调试取样器将生成包含所有的 JMeter 变量或属性的一个样本。一个 View Results Tree 监听器可用于展示结果。这个漂亮的元件帮助你适当调试测试计划，提供了分析测试执行过程中各种变量值的工具。在之前的例子中，假设我们为/itunes/charts 取样器添加了一个正则表达式提取器，将结果存储到了一个变量中，我们可以查看这个变量的值，更重要的是，如果有多个匹配结果，可以获取不同的值。为了添加一个调试取样器，可以右击 **Thread Group**，选择 **Add→Sampler→Debug Sampler**，如图 7-2 所示。

从图 7-2 中你可以看到，根据我们在正则表达式提取器中定义的变量名，把多个匹配结果存储在 linkclass_n（n 代表匹配的位置）下。因此，可以把第一次匹配的结果作为 linkclass_1，把第二次匹配的结果作为 linkclass_2，依次类推。当录制的脚本越来越复杂时，你会发现调试取样器是一个非常重要的元件，它值得随时拿来使用。

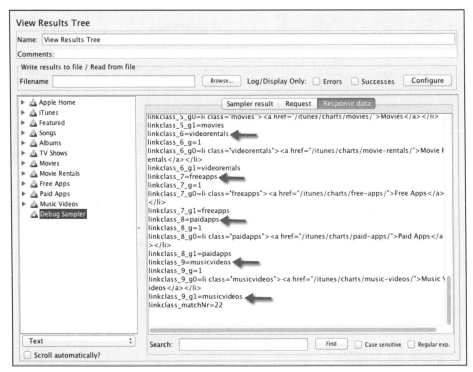

图 7-2　View Results Tree 监听器中的 Debug Sampler

7.5　在测试计划中使用定时器

默认在录制测试场景时，JMeter 不会在测试计划中使用定时器。这与实际情况迥然不同。理论上，用户在页面视图和请求之间都会有一个思考或等待的时间。用 JMeter 模拟类似的中断或等待会使测试更真实，更接近用户真正的使用习惯。JMeter 提供了各种内置定时器元件，用于完成这件事。每一种定时器模拟中断的方式都大不相同。以下是本书创作时 JMeter 拥有的一些定时器列表。

7.5.1 固定定时器

如果你希望在线程的请求之间暂停相同时间，可以使用固定定时器。

7.5.2 高斯随机定时器

高斯随机定时器会在线程请求之间暂停一段随机的时间，出现的大部分时间间隔接近于一个指定的值。总的延迟是高斯分布值与指定值的积再加上偏移量的和。

7.5.3 均匀随机定时器

均匀随机定时器会在线程请求之间暂停一段随机的时间，每一个时间间隔出现的概率都相同。总的延迟为所有随机值和偏移量的和。

7.5.4 固定吞吐量定时器

为了保持总的吞吐量，固定吞吐量定时器的暂停时间是变化的，也就是说，每秒的样本数会尽可能接近目标值。尽管叫作固定吞吐量定时器，但是吞吐量可以使用一个计数值、JavaScript 变量的值、BeanShell 变量的值或远程BeanShell 服务器进行改变。

7.5.5 同步定时器

同步定时器通过中断测试计划中的某些线程在不同时刻模拟大的瞬间负载，直到指定数量的线程都中断，然后再同时释放。

7.5.6 泊松随机定时器

泊松随机定时器类似于高斯随机定时器，在线程请求之间暂停一段随机的时间，出现的大部分时间间隔在一个指定值附近。所有的延时等于泊松分布值和偏移量的和。

要添加任何一个定时器，都可以右击 **Thread Group**，选择 **Add→**

Timer→Timer to Add。可以浏览 JMeter 的网站来详细了解各种定时器。

7.6 JDBC 请求取样器

有时候需要测试与数据库直连的 I/O 操作的持久性。在表上插入、更新和选择查询的速度如何呢？针对这种类型的测试，JMeter 提供了一个 JDBC 请求取样器，用于针对数据库发出 SQL 查询。然而，要使用 JDBC 请求取样器，需要配置一个 JDBC Connection Configuration 元件。为了配置这个元件，需要指向一个数据库。接下来，我们配置一个数据库。通常，针对测试都已经配置好数据库，但是为了讲解，我们将假设你完全没有配置。我们将使用 H2，这是一个开源的 Java SQL 数据库。H2 是一个轻量级且易配置的数据库。可以在 h2database 网站找到 H2 的更多内容。

7.6.1 配置 H2 数据库

参照如下步骤配置 H2 数据库。

（1）从 h2database 网站下载一个发布版本。

（2）提取内容至你选择的目录。我们把这个目录称为 H2_HOME。

（3）启动命令行，进入 H2_HOME/bin 目录。

（4）通过以下一种方式启动 H2 数据库服务。

● 在 UNIX 系统下，执行./h2.sh。

● 在 Windows 系统下，执行 h2.bat。

（5）如图 7-3 所示，启动你的浏览器并指向 H2 管理员控制台。

（6）根据操作系统，通过修改 JDBC URL 的值为以下值，创建一个名为 test 的数据库。

● 在 UNIX 系统下，修改为 dbc:h2:tcp://localhost//tmp/test;MVCC=TRUE。

● 在 Windows 系统下，修改为 jdbc:h2:tcp://localhost/c:/test;MVCC=TRUE。

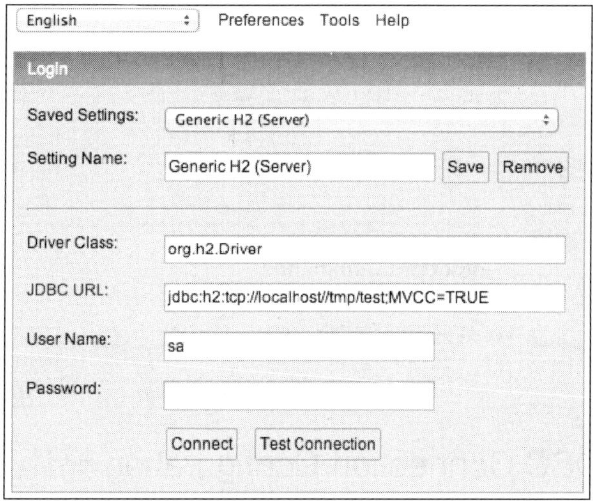

图 7-3　H2 管理员控制台（连接前）

（7）单击 **Connect** 按钮。

（8）复制如下脚本到控制台的空白处（参见图 7-4），创建用于测试的样本表。

```
DROP TABLE IF EXISTS TEST;
CREATE TABLE TEST(ID INT PRIMARY KEY, NAME VARCHAR(255));
INSERT INTO TEST VALUES(1, 'Hello');
INSERT INTO TEST VALUES(2, 'World');
```

（9）单击 **Run** 按钮。

既然我们有了一个测试数据库和一张测试表，就可以继续配置一个 JDBC Connection Configuration 元件来指向它了。

> 因为 H2 是基于 Java 的，所以在你选择的机器上需要有 JRE（Java 运行环境）。如果你的机器上没有，请参考第 1 章配置 JRE。

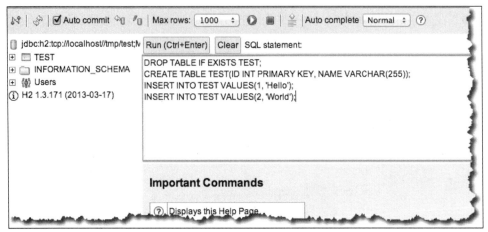

图 7-4　H2 管理员控制台（连接后）

7.6.2　配置 JDBC Connection Configuration 元件

顾名思义，JDBC 元件主要根据提供的设置与数据库创建连接。每一个线程可以指定自己的连接，也可以在各个线程中共享连接。

按照以下步骤配置 JDBC Connection Configuration 元件。

（1）从 H2_HOME/bin 目录下复制 JDBC 驱动（h2-1.3.171.jar 或类似的文件）到 JMETER_HOME/lib/ext 目录。

（2）右击 **Test Plan**，选择 **Add→Config Element→JDBC Connection Configuration**，添加一个 **JDBC Connection Configuration** 元件。

（3）配置属性。

- **Variable Name** 设置为 testPool。

- **Validation Query** 设置为 Select 1 from dual。

- **Database URL** 设置为 jdbc:h2:tcp://localhost//tmp/test;MVCC=TRUE（对于 Windows 系统，应该设置为 jdbc:h2:tcp://localhost/c:/test; MVCC = TRUE）。

- **JDBC Driver class** 设置为 org.h2.Driver。

● **Username** 设置为 sa。

（4）其他配置保持默认值（见图 7-5）。

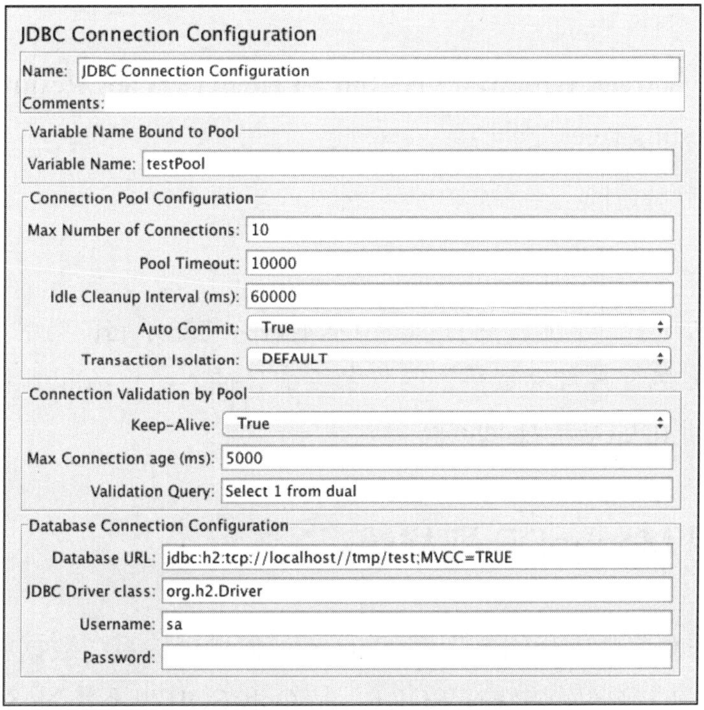

图 7-5　JDBC Connection Configuration 元件的配置

7.6.3　添加 JDBC 请求取样器

既然我们已经配置了一个 JDBC 连接设置元件，最后一步就是为测试计划添加一个 JDBC 请求取样器并使用它。添加 JDBC 请求取样器的方法和本书中添加其他取样器的方法相同。

具体步骤如下。

（1）如果没有，创建一个 **Thread Group** 元素。方法是右击 **Test Plan**，选择 **Threads→Thread Group**。

（2）右击 **Thread Group**，选择 **Add→Sampler→JDBC Request**，添加一

个 **JDBC** 请求取样器。

（3）在 SQL 查询输入框，输入如下内容。

```
SELECT * FROM TEST
```

（4）右击 **Thread Group**，选择 **Add→Listener→View Results Tree**，添加一个 View Results Tree 监听器。

（5）保存测试计划。

（6）执行测试。

尽管只执行了一个简单的查询，但基本讲解清楚了它的特性。**JDBC** 请求取样器允许你执行具有绑定参数的复杂查询、插入、更新和删除，甚至存储过程。更多细节可以见 Apache 网站。

7.7　使用 MongoDB 取样器

在前面的章节中，我们看到了 JMeter 如何测试关系型数据库。市场上又出现了一种新的数据库类型 NoSQL（不是 Only SQL 也不是 NoSQL），NoSQL 有时会与关系型数据库同时使用，或者完全独立使用。这类数据库提供的特性包括面向文档存储、无模式、高可用、分片、映射/归约等，这使 NoSQL 数据库在某些特殊使用场景下比关系型数据库更有吸引力。可以浏览维基百科了解关于 NoSQL 的更多内容。

比较流行的 NoSQL 类型数据库包括 MongoDB、Couchbase、Redis、Apache Cassandra、Riak、Amazon DynamoDB 等。

由于 MongoDB 是最流行的 NoSQL 数据库之一，因此 JMeter 也提供了不需要额外插件即可直接测试 MongoDB 数据库的元件。当你想单独测试界面应用使用的数据库时，JMeter 非常有用。

参考以下步骤，使用 JMeter 测试 MongoDB。

（1）参考在线文档（参见 MongoDB 网站）安装 MongoDB。

 为了方便使用，确保 MONGODB_HOME/bin 在对应的路径中，这样就可以直接在命令中或目录中执行类似 mongod 和 mongo 这些命令了。

（2）启动终端窗口，输入 mongod 来启动 MongoDB 实例。

（3）如果成功安装并且 mongod 存在于对应的路径中，你会看到和图 7-6 类似的内容。

```
→ ~ mongod                                                          berinle@bayo-imac
2015-03-09T11:45:23.276-0400 I CONTROL  [initandlisten] MongoDB starting : pid=41194 port=27017 dbpath=/us
r/local/var/mongodb 64-bit host=bayo-imac
2015-03-09T11:45:23.277-0400 I CONTROL  [initandlisten] db version v3.0.0
2015-03-09T11:45:23.277-0400 I CONTROL  [initandlisten] git version: nogitversion
2015-03-09T11:45:23.277-0400 I CONTROL  [initandlisten] build info: Darwin miniyosemite.local 14.1.0 Darwi
n Kernel Version 14.1.0: Mon Dec 22 23:10:38 PST 2014; root:xnu-2782.10.72~2/RELEASE_X86_64 x86_64 BOOST_L
IB_VERSION=1_49
2015-03-09T11:45:23.277-0400 I CONTROL  [initandlisten] allocator: system
2015-03-09T11:45:23.277-0400 I CONTROL  [initandlisten] options: { storage: { dbPath: "/usr/local/var/mong
odb" } }
2015-03-09T11:45:23.317-0400 I JOURNAL  [initandlisten] journal dir=/usr/local/var/mongodb/journal
2015-03-09T11:45:23.317-0400 I JOURNAL  [initandlisten] recover : no journal files present, no recovery ne
eded
2015-03-09T11:45:23.337-0400 I JOURNAL  [durability] Durability thread started
2015-03-09T11:45:23.338-0400 I JOURNAL  [journal writer] Journal writer thread started
2015-03-09T11:45:24.512-0400 I NETWORK  [initandlisten] waiting for connections on port 27017

[1]                            1:mongod*                          "bayo-imac" 11:45 09-Mar-15
```

图 7-6 使用 mongod 命令启动 MongoDB 实例

（4）启动 JMeter。

（5）右击 **Test Plan**，选择 **Add→Threads(Users)→Thread Group**，添加线程组。

（6）右击 **Thread Group**，选择 **Add→Config Element→MongoDB Source Config**，添加 **MongoDB Source Config** 元件。

（7）配置属性。

● **Server Address List** 设置为 127.0.0.1。

● **MongoDB Source** 设置为 mongo。

（8）右击 **Thread Group**，选择 **Add→Sampler→MongoDB Script**，添加 MongoDB Script 元件。

（9）设置字段。

● **MongoDB Source** 设置为 mongo（应该与第（7）步中指定的相同）。

● **Database Name** 设置为 ptwj。

● **Username** 留空。

● **Password** 留空。

● 对于 **The script to run**，复制本书示例代码中 chap7 下 ch7_mongo_ script.txt 的内容并粘贴到文本区域。

> 根据测试需要，任何有效的 mongo 脚本都可以填充到 The script to run 文本区域。在这里，我们仅测试插入。我们运行的示例代码在 ch7_mongo_script.txt 下。相关代码也可以在 githubusercontent 网站找到。

（10）为测试计划添加 **View Results Tree** 监听器（右击 **Test Plan**，选择 **Add→Listener→View Results Tree**）。

（11）保存并运行测试计划。观察测试执行结果。

（12）如果 View Results Tree 元件的 Response 选项卡返回 ok，证明脚本成功执行。

（13）在终端中依次执行如下命令，用于验证输入已正确发往目标 mongo 集合。

```
mongo
use ptwj
db.posts.count()
```

```
db.posts.find()
```

mongo 命令会和 MongoDB 服务器建立一个客户端连接。如果要切换至 ptwj 数据库，可以使用 use ptwj 命令。这将匹配在第（9）步中指定的数据库名称。db.posts.count()统计发布集合中的记录数。最后一行命令 db.posts.find() 将输出发布集合中的所有内容。

关于 MongoDB 的更多信息，参见 MongoDB 网站。

7.8　仿真取样器

尽管不是 JMeter 内置的取样器，但是仿真取样器（Dummy Sampler）可以通过 JMeter 扩展项目添加至你的 JMeter 工具箱里。这在第 5 章中详细讨论过，所以如果你还没有配置，请参考这一章。这个取样器生成仅含定义值的样本。在不重复执行整个测试计划调试后置处理器或等待提取被测应用的精确条件时，仿真取样器会格外有用。

在响应没有被标记为一个成功的样本时，仿真取样器允许你指定应该返回的响应代码、响应消息以及延迟和响应时间。此外，仿真取样器还允许你指定一个请求和一个响应，请求和响应可以是任何东西，如 HTML、XML 和 JSON。

插件成功安装至 JMeter 实例后，就可以通过如下步骤获取可用取样器。

（1）右击 **Test Plan**，选择 **Threads→Thread Group**，为测试计划添加一个 **Thread Group** 元件。

（2）右击 **Thread Group**，选择 **Add→Sampler→jp@gc-Dummy Sampler**，添加一个 **Dummy Sampler** 元件。在 Response Data 中添加如下 HTML 片段（见图 7-7）。

```
<html>
<head>
```

```
      <title>Welcome to Debug Sampler</title>
</head>
<body>
   This is a test
</body>
</html>
```

（3）右击 **Thread Group**，选择 **Add→Listener→View Results Tree**，添加一个 **View Results Tree** 监听器。

（4）保存测试计划。

（5）执行测试。

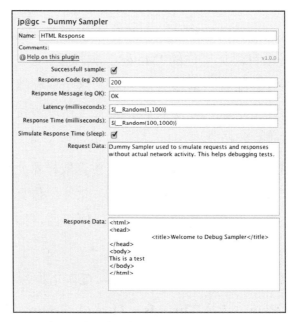

图 7-7　在仿真取样器中设置 Response Data

完整例子参见 dummy-sampler.jmx 文件。

7.9　JSON 路径提取器元件

在 JMeter 插件项目中另一个非常有用的工具是 JSON 路径提取器元件。

该元件有助于处理 JSON。该元件可以使用 JSONPath 语法从 JSON 响应中提取数据。对于复杂的 JSON 结构，用 JMeter 自带的 XPath 提取器来获取指定元素有时会非常麻烦。当 XPath 提取器不能提取数据时，JSON 路径提取器就派上用场了。

假设有如下一个 JSON 结构，它展示了书店中不同书的信息。

```
{ "store": {
    "book": [
{ "category": "reference",
        "author": "Nigel Rees",
        "title": "Sayings of the Century",
        "price": 8.95
      },
{ "category": "fiction",
        "author": "Evelyn Waugh",
        "title": "Sword of Honour",
        "price": 12.99
          },
{ "category": "fiction",
        "author": "Herman Melville",
        "title": "Moby Dick",
        "isbn": "0-553-21311-3",
        "price": 8.99
          },
{ "category": "fiction",
        "author": "J. R. R. Tolkien",
        "title": "The Lord of the Rings",
        "isbn": "0-395-19395-8",
        "price": 22.99
        }
      ],
    "bicycle": {
        "color": "red",
        "price": 19.95
      }
    }
  }
```

如果你希望获得书店中第二本书的书名，类似$.store.book[1].title 这样的一个表达式就可以轻松完成该任务。不管结构如何嵌套，JSON Path 提取器都能优雅地完成工作。参考本书配套的两个例子——JSONPathExtractorExample.jmx（来自 JMeter 插件网站）以及 dummy-sampler.jmx。

7.10　处理 Restful 风格的 Web 接口

目前市面上出现了越来越多 Restful 风格的 Web 接口，因为相对于 SOAP 风格，它们更容易构建、测试和使用。所有的 REST 通信通过双方的 HTTP 协议进行。HTTP 用于 CRUD（创建、读取、更新和删除）操作。JMeter 内置的 HTTP 请求取样器可以完成这些工作。HTTP 请求取样器支持 GET、POST、PUT 和 DELETE 操作等。请求体可以是 XML 或者 JSON 格式。根据需要，HTTP 头管理器元件可用于发送额外的 HTTP 头属性。

在该示例中，我们将使用一个 POST 请求在示例应用中创建一个新的人，然后用 GET 请求验证这个人是否真正创建成功。

具体步骤如下。

（1）创建一个新的测试计划。

（2）添加一个新的 **Thread Group**（右击 **Test Plan**，选择 **Add→Thread Group**）。

（3）右击 **Thread Group**，选择 **Add→Sampler→HTTP Request**，添加一个 HTTP 请求取样器（目前将返回应用中所有人的记录），把该取样器命名为 Get All People。设置如下字段。

- **Sever Name**：设置为 jmeterbook.qsw.af.cm。

- **Method**：设置为 GET。

- **Path**：设置为/person/list。

（4）右击 **Thread Group**，选择 **Add→Sampler→HTTP Request**（这个将创建一个新的人的记录），添加另外一个 HTTP 请求取样器。把该取样器命名为 Save Person( )。设置以下字段。

● **Server Name**：设置为 jmeterbook.qsw.af.cm。

● **Method**：设置为 POST。

● **Post Body**：设置为{"firstName":"Test", "lastName":"Jmeter", "jobs": [{"id":5}]}。

（5）添加一个 JSON 路径提取器元素作为 Save Person 取样器的子元素。设置以下字段。

● **Name**：设置为 person_id。

● **JSON path**：设置为$.id。

（6）添加另外一个 HTTP 请求取样器（这个将通过提取的 ID 返回新创建的人）。把该取样器命名为 Get Person。设置以下字段。

● **Server Name**：设置为 jmeterbook.qsw.af.cm。

● **Method**：设置为 GET。

● **Path**：设置为/person/get/${person_id}。

（7）添加一个 **View Results Tree** 监听器。

（8）保存测试计划。

（9）执行测试计划。

如果一切正常，在应用中将会创建一个名为 Test JMeter 的人，并且可以通过访问 jmeterbook 网站来验证它。同样，如果应用支持，可以通过 DELETE 与 PUT 请求来删除和更新资源。

7.11　本章小结

　　本章介绍了一些非常有用的小贴士，这些小贴士有助于轻松使用 JMeter 进行测试。本章讲述了变量、函数、正则表达式测试器，以及定时器等。此外，本章还讨论了 JMeter 插件扩展提供的其他一些有用的元件，概述了 JMeter 提供的额外的元件。本章还介绍了 JSON 提取器和仿真取样器等。所有元件的完整列表参见 Google 网站。最后，本章介绍了 JMeter 如何处理数据库和 RESTful 风格的 Web 接口。

　　到目前为止，你已经精通 JMeter 并可以实现你的测试目标了。在很短的时间内，你已经从新手变成了专业人士。尽管你可能还不了解 JMeter 的全部内容，但是我们希望本书所覆盖的内容将在你之后的性能测试工作中发挥重要作用。